美女是怎样炼成的

气质女人的芬芳生活

李丹丹　李姗姗　编著

民主与建设出版社

·北京·

图书在版编目（ＣＩＰ）数据

气质女人的芬芳生活 / 李丹丹，李姗姗编著 . —— 北京 : 民主与建设出版社，2020.4

（美女是怎样炼成的 ; 5）

ISBN 978-7-5139-2858-8

Ⅰ . ①气… Ⅱ . ①李… ②李… Ⅲ . ①女性—修养—通俗读物 Ⅳ . ① B825.5-49

中国版本图书馆 CIP 数据核字 (2020) 第 064378 号

气质女人的芬芳生活

QI ZHI NV REN DE FEN FANG SHENG HUO

出 版 人	李声笑
编　　著	李丹丹　李姗姗
责任编辑	刘树民
封面设计	大华文苑
出版发行	民主与建设出版社有限责任公司
电　　话	（010）59417747　59419778
社　　址	北京市海淀区西三环中路 10 号望海楼 E 座 7 层
邮　　编	100142
印　　刷	三河市德利印刷有限公司
版　　次	2020 年 5 月第 1 版
印　　次	2020 年 5 月第 1 次印刷
开　　本	880 毫米 ×1230 毫米　　1/32
印　　张	5
字　　数	125 千字
书　　号	ISBN 978-7-5139-2858-8
定　　价	238.00 元（全 10 册）

注：如有印、装质量问题，请与出版社联系。

提起美女，我们的眼前就会出现容貌娇美、身材玲珑、笑容甜美的青春女子形象。她们就像春天的花朵，点缀着人生的美景；她们又像夏天的树荫，带给人们清凉和宁静；她们还像是秋天的果实，带给人们幸福和欢乐；她们更像冬天的暖阳，带给人们温馨和喜悦。

美女的一切都是令人愉悦的，她们柔美、温顺、恬静；她们漂亮、高贵、潇洒，她们是人间的天使，她们是万众的偶像。她们飘然前行于人们仰慕的目光里，她们优雅嬉戏于无限春光中。

她们中的很多人大把挥霍着自己的美貌和青春，却单单忘记了一件事，那就是韶华易老，青春易失，人生美好的年华只有短短的数年，待到岁月流逝，光华褪尽，一切都成为过眼烟云，她们只会留下人老珠黄的慨叹和无可奈何的哀鸣，以及被忙碌奔波生活磨光所有光彩的衰老躯体。

而另一种人，她们或许并不美丽，但却有独特的气质；不一定炫目，但一定让人感觉很舒服；她的智商不一非常高，但却有很高的情商，足以让她在生活、工作中游刃有余；她的生活中也有烦恼，但一定可以凭自己的智慧去化解。这样的一个女人，虽然没有过人的容貌，但却能凭借内在的气质，使美丽永驻。

修炼你的气质，沉淀你的内心，当气质美渗入你的骨髓，纵使岁月无情，你依然能凭着那份灵动、睿智、从容、淡定的气质成为最有魅力的那道风景。那么，女孩到底应该如何提升自己的气质，做个魅力美人呢？

本书就是专门为女孩准备的练就永恒美丽的智慧丛书，包括《生活需要仪式感》《优雅的女人最幸福》《动脑大于动感情》《气质女人的芬芳生活》《金刚芭比：做个又忙又美的女子》》《美女当自强》《做个性格完美的女孩》《做个灵魂有香气的女子》《生活需要你勇敢坚强》《把生活过成你想要的样子》10本。它从女孩的学习、工作、生活、习惯等细节入手，用优美的语言，生动的事例深入浅出地讲述了一个女孩应该如何通过修养自己，完善自己，最终使自己变成有内涵、有价值的魅力女性的人生道理，是一套值得每个女孩学习和收藏的珍品书籍。相信通过本套书的学习，一定会对大家迈向积极的人生之路起到极大的指导作用和推动作用。

目录

第一章
塑造内涵，优雅并快乐地活着

气质是女人征服世界的利器，就如同一座山上有了水就立刻显现出灵气一样。一个女人只要插上了气质的翅膀，就会立刻神采飞扬、顾盼生姿、楚楚动人起来。

所以，一个女人要想优雅并快乐地活着，一定要趁着年轻培养自己的气质，塑造自己的内涵，当你拥有了自信、高雅、尊贵的良好气质时，人们在欣赏你时必定多出一种尊敬与仰慕。

女人的美在于气质

　　气质这种东西真的很有意思，它能让人看得清清楚楚，却怎么也摸不着。气质与女人是分不开的，一个有气质的女人会有很多内涵，不会让人觉得她是一个没有内容的人，这样的女人才是最美丽的女人。

　　女人的美丽，已经被无数次地讴歌和赞美，文人骚客们为此差不多穷尽了天下的华章。其实，在美丽面前，诗歌、辞章、音乐都是无力的。无论是多么优秀的诗人和歌者，最后都会发出无可奈何的叹息！

　　美丽的女人是人见人爱的，但真正令人心仪的永恒美丽，往往是具有磁石般魅力的女人。那么，什么样的女人才具有这样的魅力呢？三个字：气质美。

　　女人真正的魅力主要表现在她特有的气质上。外表的美总是最初的、静态的、肤浅的，也总是最短暂的。就像天空中的流星，倏忽即逝，没有生命力。那些有着美丽的脸蛋、窈窕的身材而胸无点墨的女人，只能称之为"金玉其外，败絮其中"。

　　一个人的容貌形体，外部装饰所表现出的美在整个气质美中只占一部分，甚至是一小部分。而气质给人的美感却不受年龄、服饰和打扮的制约。这种气质无论是对异性，还是对同性同样有着吸引力。所以，气质美才是真正的美。

　　在男人看来，有气质的女人远看雍容华贵，高不可攀，近看文雅妩媚，是贤惠的妻子、热情的女孩、慈祥的母亲、圣洁的天使、可信的朋友。有时她能倾听他的话语，对他百依百顺，并且能够抚慰他的心灵；有时则任性撒娇，让他扮演保护者的角色。

女人的气质是一种香水。香水是无数花蕊成就的一段精华，却不再与美颜有关，它现在是无色透明的了。它是通过一个人对待生活的态度、个性特征、言语行为等表现出来的。女人独具的气质涉及她深层的品质，带有一种自发力和亲切力，可以净化心灵、温暖人心，使社会充满祥和、同情、友爱。

女人独具的气质特征，是温柔、可爱、可亲。具备这种气质的女人，有人称之为有十足女人味的女人。她感情深沉，只有真诚，没有虚伪；她心胸宽大，总是那么乐观，从不气馁；她豁达大度，善解人意，体谅别人，很少抱怨；她遇到困扰不慌张，处事得体不过分，受到伤害或委屈时也不会不流泪；她对人不苛求，不忌妒，不猜疑，不发火；她总是彬彬有礼，从不拒人于千里之外；她总是和颜悦色，内秀矜持，端庄贤惠，淑雅安详。

女人内秀的气质，最能显示女人美中羞涩的气质美。羞涩就像是丽日下深藏在碧荷中的莲花，纯情地发出柔光。羞涩以不泯的童贞为基础，是一种单纯、天真的流露。羞涩是善良诚实人格的真实反映。羞涩是女性美中固有的气质，也是东方女性深沉含蓄的特征。

女人独具的气质美，是建立在自尊、自信、自爱、自强的基础上的，并且有母性深沉的内涵和使人感到亲切的特征，是高品位的美。有这样气质的女性，永远都会受到人们的尊敬，使人羡慕。

但是，女人的气质不是与生俱来的，不是可以用靓丽的衣裙装扮出来的，也不是可以用高级化妆品涂抹出来的，不是矫揉造作粉饰而成的，更不是刻意强求得来的。

气质是一种修养，是一种内在形成表现于外的东西，它是女人在漫长的岁月中积淀于胸的精神之光。

高雅气质是盛开的鲜花

随着社会的不断进步，人们的受教育程度越来越高，在我们身边正越来越多地聚集着一个崭新的亮丽群体，知识性女孩。她们丰厚的学识、高雅的气质、独特的风采正吸引着人们的注视。

而一位知识女孩无论是从事什么职业，无论身份地位如何、是否富有，他们的着装都会以简洁的造型、精良的面料、精致的工艺来凸显她们优雅的气质和迷人的风度。假如她们穿得太夸张、太炫耀、太矫揉造作，一定会被认为是缺乏文化教养的暴发户。

对于有自信心的知识女孩来说，她们靠的是内在的修养与功力，这需要有足够的文化底蕴和艺术鉴赏作储备，需要有善良温柔的心态和从容的气质作内蓄。

因而知识女孩的着装更含蓄、更典雅、更端庄，由此它的美也会显得更持久、更耐人寻味。有悠久历史文化的中国盛赞这种美为"淑美"，西方社会则把它当作是代表上流社会的文化涵养和高贵气质。

着装的选择也间接地反映了女孩子在职业方面的成功，并且着装从某种意义上讲有利于职业的成功，对于这一点知识女性肯定会比一般人有更深的体会。

女孩更爱美，更热爱生活，更注重打扮自己。任何人在社会中都存在着公共性和私密性两种不同空间的生活，女孩对此具有一种天生的敏感并善加利用，或许女孩更懂得生活。从个体的审美趣味来看，每个人可能都有着独特的爱好和情感倾向性。知识女孩更懂得如何利用自己的智慧和才情使自己成为一个高雅、有个性、有魅力的女人。

具有高雅气质的女人，即使不够漂亮也为她塑造了新的美丽；仅有美的仪态，即使很漂亮也让人为她可惜。高雅的气质不仅在于知识的摄取，往往还需要提高个人的修养，才会得到完美的展现，而只有从心灵上去装扮，才能让我们显得更加靓丽。

修养我们的个性，正如栽培一株大树一样，必须要砍去无用的枝杈，才能维持它的正直雄壮；同理，我们必须注意克服我们所有的复杂纷纭的感情，统归于"爱"，我们才能有益于社会。因为有爱，生命才能持续；有爱，人生才有光彩。

女孩子都比别人有更多追慕于美的情操，我们都曾花过许多时间，去注意衣服的整洁，色调的妍媸。我们也曾花过更多的时间，去歌颂大自然的宠柳娇花和悬崖飞瀑。

是的，我们不但懂得美，而且追求美。把握了我们已有的这个优点，我们必须努力把这一切属于感官的暂时的美，归之于心灵的，永恒的美的境界。使它绝缘于现实世界之外，不为利害所转移，不为生死所左右，紧握住它，我们才能在自己的性格上涂上一层超然物表，表现洒脱刚正的气质。

在人类发展的过程中，社会的演进，直接和有形的方面，或许为男性所一手把握；而间接和无形的方面，我们当能看得出，女性也发挥着不可轻视的推动力量。这种力量，通过家庭传达到社会，是相当可观的。为此，我们应该骄傲于自己的身份，因为我们所必须要奉献于社会的，正是这份丰厚的礼物。这礼物会以爱与美作双翼，由于它的翱翔，才把这份力量遍撒到人间。这是每一个女孩子应有的骄傲："人类有了我们，大地才显得和煦清新。"因为爱是阳光，它普照大地；美是清流，它净化人生。

聪明人曾把女孩子比作鲜花，它的含义不应该只在说明这本身的美，更重要的是，它除了散布着爱的芳香外，还美化着人生，美化着世界。因而，塑造我们的个性，发展我们的爱心，培养出我们自己的气质，非常重要。

优雅的女人魅力非凡

优雅暗含着一种对世俗的抗争，抗争着不做一个低俗的人。要想具有这种抗争能力，女人就必须不断地努力提升自己。让自己在生活中尽显女性的温柔与妩媚，在工作中要巾帼不让须眉，在任何场合都要将自己最优雅的一面展示出来。

优雅的女人首先是一个美丽的女人。美丽并不等于漂亮。漂亮是一种天生丽质，它属于先天性的特质，所以它是有时间性的。然而美丽是没有年龄限制的，美丽在于后天的培养。少儿有少儿的美丽，老人也有老人的风采。美丽的内涵是：心灵纯净，身体健康，气质高雅，谈吐不俗。

优雅一定要建立在健康的基础上，那些弱不禁风的女人是没有办法优雅起来的。林黛玉型的美，只可以远远地欣赏。强健的体魄不仅是男人的本钱，也应该是优雅女人的优雅的本钱。做优雅的女人不仅要有一副健康的身体，还必须要有健康的心理。保持一种宽容、平和的心态，这是优雅的女人最优雅的基础。

优雅的女人有时像一口井，深不可测，并不是男人看一眼就能一目了然的，她会给男人留下无穷的想象空间。肤浅的女人是算不上优雅的，即使打扮得花枝招展，表现得温柔可爱，但是却会让人一眼看穿，那就没有什么优雅可谈了。所以，女人要学会深藏不露，让别人只能看到冰山的一角！另外，一个张扬的女人是算不上优雅的。

优雅的女人一定要有自己的事业。优雅的女人不是依附的小鸟，不是攀岩的凌霄花。优雅的女人就像是一只展翅高飞的鲲鹏，就是一棵参天的大树，而事业则是这一切的基础。

所以，要做一个优雅的女人，就必须热爱自己的工作，因为只有热爱自己的工作，才能做好自己的工作。从事自己所热爱的工作是一种幸运，热爱自己所从事的工作是一种幸福。幸运不是每个人都能遇到的，幸福却是大家都可以追求的。优雅的女人一定是幸福女人，追求幸福就是追求优雅。

优雅的女人无论在什么场合都得注意保持自己优雅的形象，尤其要注意在家庭中保持优雅。成了家的女人，每天都会有做不完的家务，总是里里外外地收拾房间、打扫卫生、洗衣煮饭。

所以，在家庭这种环境中，女人应该特别注重自己的形象，不要将自己装扮成一个洗衣婆的形象。要克服说话大大咧咧，动作随随便便的做法。和先生朝夕相处，更应该注意自己的形象，否则这个女人是与优雅沾不上边的。

优雅的女人还必须要有足够多的亲和力。如果一个女人身强力壮，工作起来雷厉风行，而且永远是一副女强人的形象，那绝对不会是优雅。优雅的女人是那种能够和大家亲密地交流，并能保持着微笑的女人。做一个优雅的女人是所有女人的追求，那么怎么样才能做一个优雅的女人呢？

第一，神态表情自然而丰富。不要故作冷漠，或是表情木然。一个优雅的女人首先是要保持亲切的微笑，微笑，可以给人留下深刻的印象，也会令人对她产生好感。微笑是一个女人永恒的魅力，它是优雅的重要的外在表现。

第二，穿衣采取精简原则。多重穿衣会令原本苗条利落的身姿徒增许多累赘感，而且领端袖口的杂色纷呈也会降低形象的品质。在秋冬季节，不妨用可以买几件衣服的钱购买一至两款价高但保暖性强的棉芯衬衫、羊绒衣，用以维持形象的简洁和清朗。

第三，口气要保持清新。男人口气的不洁都已令人敬而远之，更何况是洁净化身的女人？不管一个女人的形象有多么整洁，只要是口气不洁就会把她的形象大打折扣。所以，女人应该经常检查自己是否存在口气的问题，如果不是因为吃了气味浓重的食物而引起的异味，就应该及时到医院检查呼吸道、肠胃及口腔问题。

第四，适度保持自我。过于迁就、盲从大流、无主见的性格会遭到别人的反感或是让人忽略，甚至感觉不到你的存在。在公众场合中，要适度保持自我，不要强迫自己去扮演一位淑女，但是更不能走极端，以为异类便能鹤立鸡群。

第五，谈吐风趣幽默。适度地开一些轻松、无伤大雅的玩笑，这样不仅可以调节气氛，减轻工作中的压力，还可以增加自己的人际亲和力。如果你天生不具备什么幽默细胞，不要紧，可以多翻翻书，尤其是幽默漫画，也可以看看电视等。有意无意地储备这方面的知识，诙谐的灵感便会适时地在头脑里冒出来。

生活中，真的会有这样的一种女人：她们并没有沉鱼落雁之容，也没有闭月羞花之貌，有的还已经是韶华已逝，青春不在。但是，她们在一举手一投足之间所流落出来的那种优雅的气质，是令人深深感动的。那种经过岁月的洗礼、沉淀，丝丝缕缕散发出来的高贵典雅，犹如微风中摇曳的兰花，又如同幽谷里静静绽放的百合，令人感动之余，不由得心生敬意。

典雅的女人有智慧

典雅的女人大都是智慧而好学的，她们视知识与学问为人生中的一大乐趣。她们知道人生的风雨变幻莫测，唯有才学是能遮风挡雨的伞；人生有险滩暗礁，唯有才学是指引的灯塔。她们沉浸在文字编织的海洋里，用知识作桨划开层层波浪，满身都是书卷气息。

人生不过百，难怀千岁忧。女人喜欢时装，喜欢化妆品，这是天性使然。女人把大量的金钱和精力耗费在衣着打扮上，并且心甘情愿。然而，岁月是无情的，漂亮的时装、昂贵的化妆品，终究不能挽留青春的容颜。如花的岁月慢慢地老去，在不知不觉中便失去往昔的韶华。于是，常常会听到女人们叹息不已，何处可以寻觅永恒的青春？可惜，却无人回答！

在众多忙着挽留青春的女人之中，有着这样一些女人，她们特别喜爱书，勤奋好学。她们忙于买书、读书，甚至写书，书是她们最经久耐用的时装和化妆品。

　　虽然，她们身上穿着普通的衣服，素面朝天，但是走在花团锦簇、浓妆艳抹的女人中间，反而更格外地引人注目。是气质，是修养，是浑身洋溢的书卷味，还是什么别的东西使她们如此与众不同？

　　腹有诗书气自华，用这句话来形容她们是再合适不过了。一位朋友说，她的一位闺中好友就属于这种类型的女人。此女士年逾四十，依旧孑然一身。问她一个人生活是不是很孤独，她淡淡一笑说：有那么多书像朋友一样陪伴着我，我的生活怎么会孤独呢。

　　对于书，不同的女人会有不同的见解，不同的见解会有不同的品味，不同的品味会有不同的选择，不同的选择就会有不同的效果，然后就是从那不同的效果中，演绎出了一道女人与书的风景线。

　　这道风景线就是天生爱读书的典雅的女人，她们读书是为了获取知识，增长才干，她们十分注重那些思想性强、有哲理、有深度的好书。好的书籍就是她们的营养品，不但提高了她们的人生境界，还使她们生活得更充实、更有意义。

　　其实，典雅的女人本身就是一本书，一本耐人寻味的无价天书。读书既愉悦了身心，又陶冶了情操。典雅的女人大多都喜欢读唐诗宋词，喜欢古今中外优美的散文，在洋洋洒洒的字里行间，在优哉的舒闲中修身养性，铸就了淡泊平静的一生。

　　喜欢读书的女人，也许貌不惊人，但她们会有一种内在的气质：优雅的谈吐超凡脱俗，清丽的仪态无须修饰，那是静的凝重，动的优雅；那是坐的端庄，行的洒脱；那是天然的质朴与含蓄混合体，像水一样的柔软，像风一样的迷人，像花一样的绚丽……这种神态是气质，是修养，是典雅女人的特质。

　　与典雅的女人交谈总能使人神清气爽，俗气全无。跟她交往常会使人了无城府，阳光灿烂。的确，一个女人在读过足够的好书之后，她会变得很优秀。因为书给了她底气，熏陶了她至真、至美、至纯的情感，使她变得温文娴雅，善解人意，充满书香的芬芳。

书籍能使女人变得聪慧，变得成熟，也能使女人更懂得包装外表。这些固然重要，但心灵的滋润更可贵。"和书籍生活在一起，永远不会叹息。"罗曼·罗兰如此劝导女人。

毋庸讳言，一个女人如果不读书，没有知识的营养，就会变得无知、粗俗，就会被时代抛弃。即使长相貌若天仙，穿着华贵时髦也挡不住时间的考验。因为，这些用物质涂抹起来的面具，终归是浅薄的，再好看也不会长久。

相反，只要她喜欢读书，充满书卷气质，即使穿戴朴素，她依然会显得那么高雅雍容。衣服对于她来说，只不过是一种饰品和点缀，是一种能够让她更加美丽，更具风韵的道具。

喜欢读书的女人心里会有一盏明灯，可以守住心灵这个宁静的港湾，书籍就是她们精神的伴侣。不挂金戴银，底气十足，她们敢于素面朝天，并且会心清气爽。身居闹市，却一样能远离红尘的烦琐与喧嚣。她们爱听属于自然的一切声音：风声、雨声、浪涛声、犬吠、鸡鸣、蟋蟀叫。听到这些声音的时候，是心情最宁静的时候。她们绝对耐得住寂寞，在她们的世界里没有争逐的安闲，也没有贪欲的怡然。

好学的女人，视知识与学问是人生的最大快乐。她们沉浸在文字编织的故事之中，用智慧作桨划开波浪，去寻找遥远的精神彼岸。她们没有时间唠叨饶舌，没有时间拨弄是非，当别的女人正津津乐道时尚流行、张家长李家短时，她们正陶醉在知识的世界里，洗涤自己、充实自己、忧伤自己、快乐自己。

偌大的阅览室内，爱读书的女人一个人坐读，整个世界都是自己的，没有嘈杂、没有纷争、没有虚伪、没有疲惫，只有知识营养的愉悦和惬意。许多典雅女人在回顾自己的成长道路时，常常将人生一些最真诚、最辉煌的瞬间与一本或几本好书联结在一起。一本好书能够给予一个人最初的人生启蒙甚至是终生的影响，这是多么的神奇！

只有读万卷书，才能每临大事有静气，才能成就别人无法企及的大业。有一句话说得好：能闲世人所闲人，方能忙世人所忙事。这里所谓的闲事，就是读书。

典雅的女人不是鲜花，不是美酒，她们如一杯散发着幽幽香气的淡淡清茶，煎茶闻香，养心暖胃；又似一株深秋的素菊花，没有千娇百媚五颜六色的诱人外表，却有本性耐寒的天然高洁，不沾染庸俗的胭脂粉彩，却出落得更加的风姿绰约、秀色绝伦。

对于典雅的女人而言，只有那些内涵深厚、资历渊博的男人才有能力欣赏她们，才配赏识她们，才能与她们结为知己，还会情不禁地产生一种相见恨晚的感觉！

独特气质铸就独特的女性

慧于内而形于表，腹有精华则外显灵秀。没有智慧与修养的灵魂会显得没精打采，没有灵魂的丰盈，就没有独特思想的火花闪现，再无可挑剔的美貌也会黯然失色。做一个独特的智慧女人，其独特的气质就会在不经意间流露出来。

想做一个与众不同的独特气质的女人，就要以广博的知识来丰富自己的人生之旅。一个女人可以不泡吧，可以不富裕，可以不旅行，但是却不能远离书籍。要知道，没有灵魂的丰盈，就没有思想的闪现，再无可挑剔的美貌也会黯然失色的。

培根有句名言："读书使人明智，读诗使人灵秀，数学使人周密，哲学使人深刻，伦理学使人庄重，逻辑、修辞学使人善辩，凡有所学，皆成性格。"富有魅力的女人早已经学会在繁忙和优雅中积极地生活，她们懂得如何读书学习，也懂得开发自身的潜能，从而使自己的女性魅力光芒四射。

高贵的气质、高雅的志趣必定是依据知识与修养而来的，独特而高贵的女人，个性与魅力兼具并且有知识又有眼光。具有优雅的言谈举止，是一个独特女人拥有的一项重要的特质，拥有自己的谈话风格能使人际沟通进展得更加有效。

有独特气质的女人会有自己的谈话风格，也会发挥出自己独特的风格。一个善于交际的女人能够充分地利用自身的优势，展现出自己的天然魅力，用细腻的心思去笼络男人。

要知道，在这个世界上，男人是通过征服世界来征服女人，而女人是通过征服男人来征服世界的。一个知识女性在男人的眼里是有事业，有生活，有前途，有目标的。她们气质高雅，眼界开阔，处于女性生活的最上层，有着比一般女人更多的机遇与挑战，享受的生活也比一般女人更充分，因此，独特的知识女性应该是最快乐的女人。

但是，却有人说，做女人难，做一个快乐的知识女性就更难。那么，怎么才能成为一个独特而快乐的知识女性呢？这就需要女人去转换角色观念和行为模式，营造良好的心境了。

心理学家有一个形象的说法："心境是被拉长的情绪"，它使人的其他一切体验和活动都留下明显的烙印。俗话说："人逢喜事精神爽"，良好的心境使人有"万事如意"的感觉，遇事也能迎刃而解；消极的心境则会使人消沉、厌烦，甚至思维迟钝。而知识女性却因为有知识，才能成为心境向上的主人。

要想自觉地培养和掌握自己的心境，保持长久的快乐，须谨记心理学家的十六字箴言："振奋精神，自得其乐，广泛爱好，乐于交往"。常为自己的所有而高兴，不为自己的所无而忧虑，就是自得其乐的主要方法。既要有自己独特的主见也要培养多种业余爱好，它们可以陶冶情操、增加乐趣，广泛交友更是保持心境快乐必不可少的一个环节。有独特气质的女人，有时难免会有一些小小的叛逆。有时候，一个女人不可理喻的小小叛逆，则更能显示出女人独特的做人风格。

比如，一个不愿做个没有自己思想的乖乖女的女人，她拥有丰富的知识和敏锐的洞察力，常常会有新鲜的与众不同的想法与观点，这个时候她不会随声附和，人云亦云。即使是面对顶头上司，也能礼貌而坚定地陈述自己的不同意见。她会有勇气挑战权威，表现出革新精神与不羁的个性，在无棱无角的芸芸众生中脱颖而出。

有独特气质的女人，会适时保留自己的神秘感。这样的女人有时会让男人觉得古里古怪，没有亲和力。她也许会给自己洒一身浓烈的香水，让电梯里的所有人都打喷嚏；她也会无故无缘地打断人家的话头，因为她听着这话不对头；她也许会骄傲地孤芳自赏，盛气凌人。但在人事倾轧严重的地方，她又能八面玲珑、如鱼得水，这就是她独特的魅力之处。

有独特气质的女人，她们完全依靠自己的能力所得来营运日常生活，不会依赖任何人。因为，自己有坚实的经济基础，才能维护自我的尊严。在精神的世界里，也绝不是某个男人的附属品。她们懂得通过交友、读书、娱乐来充实和丰富自己的内心。所以，即使没有爱情的滋润，仍然活得自由自在。

有独特气质的女人，一定要有丰富的知识，因为，只有学习是提高能力的根本途径；只有在岁月的雕刻下不断学习，不断提高自己的知识涵养，才能在内涵的天平上不断地为自己增加砝码；只有不断丰富自己的知识，随着岁月的年富力强，自己的内涵才会慢慢凸现出来，显示出不同凡响的独特气质。有独特气质的女人，大都精神高昂，拥有活力四射的精神是独特风格的关键点。独特的女人会把全部的精神用来打理自己的生活与事业，她们踏实、勤奋，即使只是一份很普通的工作，她们也会用对待事业的热忱去经营。

有独特气质的女人，无疑是一个敢作敢为的女人，也是最容易成功的女人。但是，在成功的路上也许会遇到的挫折比别人更多。即便如此，也奈何不了她们，她们会把挫折转化为事业成功的动力，不会像别的女人一蹶不振，只会抚摸着伤口呻吟个不停。

总之，一个有独特气质的女人会丰富自己的内涵，不断学习，根据自己的性格与兴趣来增加自己的生活品位，让自己的智慧体现在言谈里、笑容中、生活中、事业上。她们努力地创造生活，努力地享受生活，并且努力地去适应这个求新求变的年代。

才气让女人睿智迷人

喜欢爱情片里这样的经典镜头吗？一个帅呆了的男孩蓦然回首，

真的是瞠目结舌地呆住了：怀抱着一叠书，一位白裙飘飘、长发轻轻一甩掠过额头的女孩正浅笑盈盈地走来。

也许你对这种用滥了的片段不以为然，但你总不会拒绝一个这样的你：在暖暖的午后，端着一杯咖啡，捧着一本书在细细品咂。这时的你，睿智的光芒在全身散射；这时的你，是这幅风景中最亮丽的景点。

祖先吃的智能果里的"智能素"似乎顽固地附着在后代的基因上，成了人和其他动物之间的最大区别。有人说，IQ达到120分的美女，每增加1分，魅力值也随之增加5分。一家之言尚待考证，但看看任何选美活动中都少不了才艺关和才情奖，即可知美女无论如何不可能是头脑简单的美女。胸大无脑的美女在男人眼中只会是过眼烟云，在内心之处难以留下印痕。

"女子无才便是德"本是中国古代一帮无聊的老爷们鼓噪出来的，真正的男人依着本能会靠近"知书达理"的聪明女人。正因参透此理，聪明的薛宝钗口里说不识字更好，背地里却连禁书也偷看了，说起来一套一套，做起来有板有眼，无怪乎成为大观园里的万人迷。

古代的花魁都少不了琴、棋、书、画样样精通的本事；看当今台上呼风唤雨的布兰妮们，也都莫不能歌善舞，在唱唱跳跳中惹得男人神魂颠倒。

积累"知"本，即是积累魅力的资本。电视台常请些名角大腕在节目中露脸，不少人唱起歌来春风得意，但进行知识问答时立马露馅，让别人看了干着急。

爱书，还有一个好处哦！如果你看上的他正好也有同好，找他借书去！一来二去，浪漫故事开始啦！而经过艺术洗礼的女性，也都会闪耀着感性的动人光辉。

走近艺术，先是熏陶，后为参与。熏陶即是着意体会、理解、感受作品的内容与含义的欣赏过程。假日之余，走进音乐厅、美术馆，与贝多芬、莫扎特、巴赫约会，和达·芬奇、毕加索、凡·高对话，就拉近了自己与艺术的距离。

参与则是你亲身进行创作，体验过程的快乐。无论是吹拉弹唱的听觉艺术，还是挥毫泼墨调油彩的视觉艺术，只要有缪斯女神相伴，自能体会一种"结庐在人境，而无车马喧"的宁静美。

相信大家都不会忘记那位冰雪聪明、人见人爱的黄蓉姑娘吧！如果小姑娘只知顽皮淘气，而不能用好饭好菜把洪老爷子侍候得舒舒服服，不懂得如何把"老毒物"纵擒自如当成猴耍，这份可爱就苍白无力了。

技不压身，让同伴送给你一句"多才多艺"的评语吧！文学、音乐、美术、外语、美容、烹饪，及至小小的女工活，平日开开心心学，偶尔露一手专长，跌破身边人的眼镜也蛮得意滴！

话说小点，是我们不要拒绝流行，时装、发型、饮料、音乐、数字通讯……让自己活在现实的时代；话说大点，明了些，是我们要紧随时代，一双凤眼看尽大千世界。不要以为报纸上的财经、政治新闻只是男人们应该操心的事，"两耳不闻窗外事"的下场是被淘汰出局。

当然，媒体宣传无孔不入，也不能被新闻炸昏了头，锁定一两个电视频道、几本报刊，当然还得有三五成群的死党和朋友，信息量就差不多了。了解时代，感受流行，永远做个新鲜美人吧！

一言以蔽之，我思故我靓，才女也时尚。流芳百世的名媛，莫不是"腹有诗书气自华"。才女，在后人的想象中永远定格着令人心跳的惊鸿一瞥。

让心灵在音乐里畅游

音乐绝不仅仅是一串单纯的音符，而是一种深蕴着人的精神的文化现象。无论在我国传统的音乐中，还是西方古典音乐，浪漫音乐中，我们都可以感受到音乐的精神"脉搏"。音乐大师们在五线谱间发出的对天、地、人的畅想，对命运的慨叹，对未来的展望给懂得欣赏的人们带来心灵的震颤。

音乐是一道美丽的风景，但只有少数女人有幸欣赏，因为这道风景不是用眼睛看的，而是用心去体会的。春秋战争时期，伯牙与钟子期"高山流水觅知音"的故事千古流传，令人交口称赞。

音乐就是这样，有着无穷无尽的、无法用语言描述的"魅力"，你可以在它的世界里，尽情放纵自己的欢笑，自己的泪水，在流动的音符中寻找往昔生活的印迹，编织你七彩的梦，获得心灵超越无限的自由之境。现代的生活日益紧张忙碌，音乐就显得更加重要，那是上帝赐给世人的声音，紧绷了一天的神经将会在音乐中得到松弛，压抑了数天的悲愤情绪将会在音乐中得到宣泄，发自心底的快乐也能在音乐中获得飞扬。

音乐还能在咖啡牛奶浓浓的香气中带走你的思绪，给创作者以灵感，给奋斗者以希望。因此，音乐不仅能调整状态，还能陶冶情操。

音乐是用来享受的，所以不一定要听完整的大型交响乐，因为那太沉闷太累，对于为工作奔忙了一天的身心有害而无益。但一定要听听巴赫、莫扎特、肖邦的作品，而且经常听莫扎特的音乐有助于开发智力。安特里奥的音乐更是小资们的首选，因为他的音乐既不特别高雅也不完全通俗，而是属于"有分寸的另类"，这与小资自身的风格不谋而合。

一些经典老歌听起来更是别具一番风味，像老鹰乐队，还有爵士乐。对于追求生活格调的女性来说，在艺术欣赏上，怀旧永远都不会错。

当代歌星中，恩雅和席琳·迪翁已经过时，现在要重点推荐的是意大利盲人歌唱家勃塞里和英国女人歌星夏洛特·邱奇，他们都给歌曲加入了一些流行元素。

罗大佑和蔡琴是永远不会过时的流行歌手，他俩是经过几代人检验经久不衰的。崔健、刘欢、田震也还能听听。歌曲欣赏的下限是王菲，也就是说到她为止，比她再低就与"欣赏"二字无缘了。

推荐一些乐曲，供大家在朝霞微露的清晨和灯火阑珊的夜晚，细细品味：古琴曲《梅花三弄》；琵琶曲《十面埋伏》；筝曲《渔舟唱晚》；二胡曲《二泉映月》；管弦乐曲《春节序曲》；小提琴协奏曲《梁山伯与祝英台》；贝多芬《第九交响曲》；舒伯特《未完成交响曲》；威柏《邀舞》；柏辽兹《幻想交响曲》；约翰·施特劳斯《蓝色多瑙河》；柴可夫斯基的《如歌的行板》《第六交响曲》；穆索尔斯基《图画展览会》；拉威尔《波莱罗舞曲》；奥涅格《太平洋 231》。

温柔的女人最可人

有道是温柔的女人最可人。女人的温柔之所以被人们称作为是一把利器，就在于她蕴含着一种诱人而又无法比拟的神韵。

温柔，是女人最靓丽的一道风景。温柔对于一个女性，特别是对一个女人来说，是一种诱人之美，是一种高尚的力量。

造物者用了最和谐的美学原则来创造人类，它赋予了男性阳刚之美，又赋予女性阴柔之美，正因为两性之间各有其独特形态而形成鲜明对比，才使男女对立统一地组成了人类绝妙完美的世界。

阴柔之美是女性美的最基本特征，其核心是温柔，温柔像春风细雨，像娇莺嫩柳，像舒卷的云，像皎洁的月，更像荡漾的水。女性之美，美就美在"似水柔情"。

用一"水"字来形容女性的柔美，真是一语道破了其中神韵。（红楼梦）中的贾宝玉说过："女儿是水做的骨肉"，所以人见了便觉得清爽。他把大观园里的姊妹丫环们，都看得像清澈的水一样照人心目，一个个都显得高洁纯真、温柔娇嫩。在他的面前，这些女子展现了一个有如水晶一般明净的世界。

女作家梅苑在《美人如水》一文中说，女人有点似水柔情才有女人味道。真是高论妙极。

可见，女性的诱人之处，正在于有似水的柔情，正在于温柔。世上绝少会有哪个男人喜欢女人的蛮、野、悍、泼、粗、俗。女性的似水柔情，对男性来说，是一种迷人的美，也是一种可以被其征服的力量。

有一位诗人说："女性向男性进攻，'温柔'常常是最有效的常规武器。"黑格尔在《美学》中也谈道：女人是最懂得感情的，一般说她们是秀雅温柔和充满爱的魅力的。马克思则认为：女人最重要的美德是温柔。卢梭也说过：女人最重要的品质是温柔。

一个女人若能温其容，柔其声，善于关怀体贴别人，才能使异性感到温柔可亲，温存可爱，才会给人们一个温馨美妙的世界。

　　可以设想，一个女人若失去了温柔，变得粗俗蛮横、张牙舞爪，耍泼撒野，如同母老虎一般，那还有多少可爱之处，身上还会存有魅力吗？又有谁愿意与这种女人接触、共事呢？女人失去了温柔，就没有了女人的味道，就没有了那股裙衩的灵秀之气，所以，女人的温柔是万万不可少的。

　　在生活中，女人的温柔应表现在：善解人意，宽容忍让，谦和恭敬，温文尔雅。不仅有纤细、温顺、含蓄等方面的表现，也有缠绵、深沉、纯情、热烈等方面的流露。有的女人无限温存，像牝鹿一般的温柔；有的女人像一道淙淙的流泉，通体内外都是充满着柔情……总之，女人的柔情各式各样，宛如绚烂的鲜花，沁人心脾、醉人心肺。

　　温柔，来自女人性格的修养。女人要在自己的日常生活中，注意加强性格上的涵养，培养女性柔情。为此，女人特别要忌怒、忌狂，把那些影响柔情发挥的不良性情彻底克服掉，让温柔的鲜花为女人的魅力而怒放。但是，女人的温柔，不是柔弱，柔软，柔驯，丧失了自己独立的人格和独立的个性，也绝非女人之美德，而是一种耻辱。女人之温柔，是柔中有刚，柔韧有度，所以才柔媚可爱。愿女人的温柔化为一种魅力，一种征服他人的神奇力量！

修养是女人最好的名片

　　良好的修养是女人魅力的基础，同时也是女人最好的名片，良好的修养能帮助女人获得社会的认可和幸福的生活，并有助于女人建立积极的社会关系。一个具有良好修养的女性在任何场合都会焕发出夺目的光彩。

美丽固然重要，但修养更重要。你不能决定自己是否天生丽质，但你能够做一个有修养的女孩。修养的内涵非常丰富，也没有一成不变的硬性标准，属于感觉上的抽象概念，是综合素质达到一定境界后的自然体现。许多人认为地位是修养的前提，也就是说修养只能用于那些名媛、明星、阔太太、贵妇人等，是上流社会的专用词汇，这实际上曲解了修养的含义。修养其实是指一个人的品位格调、韵致情怀，是一个人内在美的外在体现。

一个女孩仅有漂亮的容貌或较多的钱财并不能让她显得有修养，这种表现给别人看的"修养"，只能算作一种做作与矫情，反而更容易透出浅薄与庸俗。而自然得体其实就是一种风韵，因为别人看起来很雅的东西也许不适合你。要知道，任何修养都是通过个性体现的，绝不会是千篇一律的模式。

有些女孩认为，漂亮就等于修养。其实漂亮的女孩不见得有修养，而有修养的女孩也未必漂亮。每个人都希望自己才貌双全，而修养实际上就是才华的外在体现方式之一。二者兼得固然好，这样的女孩是"精品"，但二者之间如果仅能选择一样，你会选择修养还是选择美丽呢？

温莎公爵夫人并不漂亮，甚至可以说有点丑，可是她征服了国王的心。她是个十分有修养的女人，在每个人面前都有得体大方的表现，而且她在安排宴会和交际方面很有才能，似乎什么都逃不过她的眼睛，她从不让谈话冷场，让每一位客人都有机会展现自己。

　　她平时的生活也是十分充实的，读书看报是她最大的爱好，也许正是这些爱好让她懂得识大体，不在小事上斤斤计较。公爵夫人的衣着也是无可挑剔的，她对完美的追求体现在她的日常穿着上。

　　她忠实地运用优雅的基本原则："少就是多！"换而言之，越是朴素的长裙就越雅致，完美的裁剪，单一的颜色，不要装饰花结，不要丝绸点缀，不要镶嵌边饰……她非常清楚什么风格适合她。用她的话说就是："我不漂亮，但是我应该无可挑剔。"

　　一个有良好修养的女人会很在意和关注别人，她会在意别人的感受，时时刻刻为他人考虑，绝对不会在公共场合大声喧哗，因为她知道这会影响别人……良好修养的原则是以理解和尊重他人为基础，不妨碍和影响他人，而不是以自我为中心。

　　修养让女人更有风度。一个有修养的女人有着谦恭的风度、优雅的言谈和宽容的胸怀，知道自己该有的神态和举止，懂得约束自己的言行，能够赢得亲人的支持和他人的尊重。每个聪明的女孩都应该懂得修养的重要性，在任何场合都应保持自己的涵养。

魅力源自女人的内在气质

　　永远的银幕天使奥黛丽·赫本说："女人的美丽不是表面的，而应该是精神层面的，是她的关怀，她的爱心以及她的热情！"魅力是女孩最关注并将与之纠缠一生的话题，它是一种由内而外散发的东西，同时也是一种让女孩保持美丽的力量。

魅力与美丽不同，美丽只是一种视觉上的享受，而魅力却是人与人心灵之间的一种感应。如果没有内在的魅力，一切表面的美都是空洞的，纵然漂亮，却没有魅力可言。时间会划过女孩的皮肤，让女孩慢慢老去，但带不走女孩由内而外散发出来的魅力，而且时间越久，这种魅力会越深刻。

如果一个女孩只有漂亮的外貌，那她只能算是个"花瓶美人"。因为美貌只是生命中一现的昙花，只有内在的魅力才可以永恒。

韩国影星金喜善就是一个有内涵的女人。她虽然是家里的独生女，性格却不娇气，而且还很开朗，在工作中也不会摆明星的架子，她的观众缘非常好。称她为"广告片女王"一点也不为过，因为身材和美貌，她很受广告商的青睐，她受欢迎的程度从她拍一个广告片有三亿韩元的酬劳就可以看出来。

16岁那年，金喜善就开始担任广告模特儿，后来在一次陪别人到电台参加音乐节目时被当时的监制发现，从此进入演艺圈。刚刚开始的时候，她在电台担任主持人，后来，除了主持人的工作以外，她又接拍了十几部电视剧。她主演的每一部影视剧，都稳坐收视冠军的宝座，其人气之旺几乎是无人能敌，在韩国她被誉为"最受欢迎的女演员"。

作为一个人气如此之旺的明星，本应该没有什么不满足的。但金喜善不同，她非常注重内在美。她曾就读于韩国中央大学电影学院，后来因为事业繁忙而多次休学。虽然她现在已经取得了事业上的成功，但她仍然非常重视自己的学业。

为了拿到学位，有好长一段时间她都没有接剧本，而只是接了几部广告，剩下的时间就专心于学业。她给自己订的目标是拿到学士学位后还要修完20学分，按常理来说，只要认真上课就能很轻松地拿到20学分，但这对金喜善而言却是不小的压力，因为她在学习之余还要参加一些广告片的录制，所以上课只能是断断续续的。

面对巨大的挑战，金喜善并没有退缩，经过努力，她真的成功了。

金喜善取得成功以后，仍然非常努力地学习，由此可以看出她是一个注重内涵的女人。像金喜善一样的女人之所以受人瞩目，就是因为她们注重内外兼修，由内而外散发的魅力正是她们战无不胜的法宝。

漂亮的女孩不一定有魅力，但是有魅力的女孩却一定很漂亮。漂亮只是一个外在的框架，魅力才是女孩漂亮的本质，女孩追求漂亮不如修炼自己的品位、气度和涵养。只有你了解了魅力的特征，在培养自己魅力的时候才不会盲目。魅力有以下5大特征：

第一，女孩的魅力大部分是从9个方面获得。内在修养、外在修养、发型、容貌、身体、服饰、声音、气味、健康等。也许有的女孩先天的条件并不是十分理想，但有一大部分是可以通过后天培养。

第二，魅力是可以累积的。修炼魅力就像考试一样，每个女孩在不同的阶段，都会有一个别人对自己魅力的评分，这个评分是从许多方面获得的。比如在年轻时，别人对你的评价高可能由于你长得很漂亮，可是到年龄稍长的时候，别人对你魅力的评分就会随着你的修养和能力的提高而增加。

　　第三，魅力的修炼有持续性。女孩修炼魅力最重要的是改变现在的生活方式。比如你过去没有化妆的习惯，那么从现在开始你要学习化妆，特别是在一些正式场合更要注重自己的妆容。

　　第四，魅力会随心变化。当你进入了修炼魅力这一阶段，通过自己的不断努力，会得到自我魅力提升的感应，这时你会得到更多的乐趣和激情，对你是一种激励。

　　第五，修炼魅力是终身性的。修炼魅力是一生的大工程，所以女孩一定要坚持，从生活中的细节做起，形成一些健康、有魅力的习惯，这样你自然就会获得很好的成绩。

第二章

有事业的女人，自然有气质

职场是一个秀场，每个人在里面秀人生。职场也是战场，没有硝烟的战斗随时进行着。

一个有气质的女人，一定是一个能够在职场中准确定位自己，把握机会，自我的提升的人。这样的女人，也必定会在职场中发挥出自己的全部优势，为自己创造出无比辉煌的事业。

时刻关注你的职业形象

他人对你的第一印象，完全由你的打扮是不是能显示出职业的形象而定。因此，职业女性在考虑个人的穿着形象时一定要注意以下几点决定因素：

第一，适合企业形象。任何一家公司都有其企业形象，因此对员工的穿着打扮也会有些成文或不成文的规定。如果你想要在公司里得到升迁，就一定要了解公司的要求。

观察公司前辈的穿着，然后在装扮上和公司的要求保持一致。也许你认为中高级主管的装扮很土，但不要忘了你的品位并不代表公司的风格。尤其注意，不要随便批评中高级主管的打扮，小心你刻意张扬自己时髦的结果是换来一张下岗证书。

此外，要是无法确定公司在员工穿着上有何要求，最保险的方法就是穿着保守一点，尤其是初来乍到之时更应该如此，以免触犯禁忌而不自知。

第二，配合企业风格。成功的职业女性都是花了许多时间才明白自己该具备什么样的着装风格。她们会选择典雅、流行的服饰，这样既不用担心年年换新衣，也不用烦恼穿着是否得体。

职业女性在选购衣服时要把握两点原则：一是女性气质。二是职场上，你必须在职业及女性两种角色里取得平衡，宁愿让人看起来觉得你是个精明的人，也不要让人说你是花瓶。

有些女性会仔细规划自己的着装，什么样的场合该穿什么样的衣服，都细心记录下来，以有所依循。甚至还会排个轮值表，以免同一套衣服出现的次数过于频繁。

第三，向上司学习。一般来说，职业女性最好能以上司的穿着为榜样，先注意她穿些什么，再为自己购置衣服。

努力向顶头上司的风格学习，是博取上司信任的捷径。因为上司会以为你的价值观和生活态度与她的相同，对你自然会比较有好感，当然也愿意给你更多的表现机会，如此一来，别人也会因此而更尊重你。换句话说，你想要获得什么样的职位，就该以那个职位该有的打扮出现，争取上级的印象分。

但要注意的是，千万不要走火入魔，如果巴结得太过明显、招摇，会惹来其他同事讨厌和非议，反而让上司认为你的人际关系不好，并且在工作中会失去其他同事的支持，工作起来自然十分吃力，反而有碍发展。

因此，学习上司的穿衣风格并不是要你和上司穿情侣装，而是"模拟"上司的着装品位。例如，如果上司喜欢穿亚麻布料的西服外套和长裤，你也可以穿着同样面料和款式的套装，只是花色不同或将长裤改成短裙。

第四，换上优雅利落的套装。套装给人的印象是井然有序，所以，作为职业女性的你最好也能这么穿。至于颜色，当然还是以白、黑、褐、海蓝、灰色等基本色为主。若你嫌色彩过于单调，可以扎条丝巾作为陪衬，或在套装内穿件亮眼质轻的上衣。

当你脱下套装的外套时，丝质上衣显露出的高贵气质是其他质地的衣服所无法比拟的。冬天时，羊毛衫或丝质上衣和套装搭配起来也很好看。至于夏天，套装内配件时髦的 T 恤会是不错的选择。

此外，购买上班时的衣服最好是以基本样式为主，颜色也大多为海蓝、灰褐、黑色、乳白、白色，偶尔可以买一两件红色衣服。海蓝或黑色的休闲外衣是用途最广的，加件 T 恤就可以上班，周末配上牛仔裤，也可显出轻松休闲的气息。

女人的微笑助你成功

在《诗经》里有一句"巧笑倩兮，美目盼兮"，它描绘出了女人笑容的最高境界，这也是"回眸一笑百媚生，六宫粉黛无颜色"的原因。其实，女人的笑容不止有"回眸一笑百媚生"的魅力，其背后往往还蕴含了一种力量，这种力量对男人有着致命的杀伤力。它以温柔的方式化解各种坚冰和不快，引导你到达幸福的彼岸。

男人都喜欢靠近脸上挂着微笑的女人，他们觉得不动声色的女孩太过严肃沉重，会让人觉得压抑，会对其敬而远之。而一个挂满微笑的人一定是一个善良开朗的人，所以，爱笑的女人也更容易得到男人的亲近。

几年前，小敏还是一个刚步出校园的满腔热情的大学生。她揣着一张毕业证书和出人头地的梦想来到陌生而新奇的社会"闯世界"。当时，学姐和学长警告她：多准备几条手绢，肯定用得上！

那次，有一个大公司招工。几十个人角逐两个名额。博士、硕士、研究生、大本，人才济济，而她是其中唯一的大专生。前台是一位面容清秀的男职员，他逐一念着名单上的名字，脸上没有一点表情，给人一个例行公事的感觉。但喊到小敏的时候，他皱起了眉头。

"你难道不识字吗？招聘广告上清清楚楚地写着本科以上学历！"他的目光冷冷地扫过小敏的脸，分明含着一丝冷漠和鄙夷。然后，他抬手在她的简历上打了一个大大的"×"。

"下一位。"他不再看小敏一眼，甚至他还咕哝了一句："净捣乱。"

"慢着，先生，我看到了贵公司的招聘广告，而且看得非常认真，那上面还有一个括号，内容是'不唯学历，唯能力'。"她微笑着说。

"你是有能力的人吗？"

"不用，你怎么知道我没有能力呢？"她依然面带微笑。

"你，我没工夫和你饶舌，请自觉离开。"小伙子几乎要拍桌子了。

"另外，我觉得该公司之所以这么兴旺，领导一定是唯才是举的。"她继续说。

小伙子有点语塞了。

"王敏小姐，请来一下。"这时候经理室的门开了，一位笑容可掬的中年男子出现在门口。

小敏跟着他进了办公室。

"你为什么来我们公司呢？"

小敏轻松地陈述了理由，经理始终温和地点头微笑。

"你对公司有何建议吗？"经理的口气似乎是在谈家常，而不像是招聘询问。

"我觉得服务公司最大的财富是微笑，它表示员工对客户的真诚和耐心。"小敏说。

"很好，我给你补充一句，微笑是任何公司的财富。另外，告诉你，你被录取了。就在客户部如何？"

多年以后，随着公司越做越大，小敏成了这家公司的分公司经理。

最富于戏剧性的是，那个小伙子成了她热烈的追求者，和她在长久的磨砺当中逐渐相爱，并最终组成了家庭。有一次小敏问他："为什么追求我？"

他郑重地说："是因为你真诚的微笑！"

"我的微笑？"她又笑了，"我的微笑有那么大的杀伤力吗？"

"是的！我被打动了，不是为你的美丽，也不是为你的胆量，而是你脸上淡淡而无邪的微笑。在认识你之前，我有很久没有看到微笑了，而且这种微笑又是那么真诚！以往别人是这样对待我，我也这样对待别人。是你的微笑让我找到了久违的那种真诚、温暖和感动！"

微笑的女人犹如一朵绽放的鲜花，欣赏者因为她快乐，拥有者因为她灿烂！微笑是女人最美丽的表情，给女人增添光彩，也是对付男人最有力的武器。一张灿烂的女人笑脸，不但会点亮整个天空，也能照耀女人的整个世界。如果女子在各种场合能恰如其分地运用微笑，就可以传递情感，沟通心灵，甚至征服对手。

微笑是一种不花钱就能获得的魅力。一个微笑不费分文但给予甚多，它能够使获得者富有，但却不会使给予者贫穷。一个微笑虽然只是瞬间，但有时对它的记忆却是永恒。

身为女人，如果你觉得花很多钱去买漂亮的服饰、贵气的珠宝，就能使自己更迷人，那还不如使用微笑。微笑不需要花钱，而且可以随时随地地运用，能够让你在很短的时间内就得到别人的认可。

人生苦短，女人没有什么理由不快乐，没有理由不微笑，从今天开始，从此刻开始，微笑吧，让自己成为散播微笑的美丽天使。

投入热情去享受工作

女人最怕空虚，懂得热情的女人总有自己的精神支柱，她们永远不会感到空虚。有事做，女人才有朝气和活力，正常而规范的工作就是最好的美容方法。

许多在职场上拼搏的女人都会做到工作有热情，她们看起来总是干劲百倍、英姿飒爽的样子！

当然，也会有偶尔的工作情绪低落与消沉，每个人都曾有体验。但是我们可以不断调整自己，从而让自己保持对工作的热情。

第一、必须明确工作目的，知道是为了什么而工作非常重要。如果你是为了理想，为了让自己活得有实实在在的价值，被他人和社会需要和认可，为了没有白活一生而工作，而不仅仅是为了一份薪水而工作，而是你作为女人的价值体现，那么你就会感到快乐，感到工作时总是热情不减。

第二、分阶段给自己确定目标。我们往往是在爬坡的时候，感到干劲十足，充满热情，当爬上山顶的时候，反而觉得迷茫。所以职场上有必要在发展到一个阶段的时候，给自己树立新的目标。这样总是觉得有方向、有动力、有奔头，有助于保持高涨的工作热情。

什么是工作热情，实际上就是一个人能够心情愉悦地努力工作。在单位里倡导"快乐工作"，大家在一起工作，要共同努力创造一个和谐陕乐的氛围。

快乐工作，有助于形成团结友爱、努力进取的团队精神；有助于缓解工作压力、提高工作效率、减少工作失误，也有助于大家的身心健康。大家不只是为了生存而工作，而是为了追求个人理想，实现个人价值而工作。

不要为琐碎的事情生气，要求大同存小异，不要计较眼前利益，在工作上抓大放小。做工作和做人一样，吃小亏得大便宜。有这样的心理，做工作就很愉快，就能把工作当成一种享受，就能保持工作热情，从而获得事业成功。

在如今社会，行业之间竞争越来越大，企业对自身的要求也越来越高，面临的压力也更大。在这种情况下，保持一种不断进取、不甘落后的信念和积极向上、年轻化的心态就显得特别重要。

要知道工作生活不可能永远是一帆风顺的，许多不如意的事情随时都可能会出现。但无论你今天的心情如何，你都不能因此而影响你的工作。

　　在工作中，我们要尽量创造条件让自己快乐，让工作快乐，从而保持高昂的工作热情。作为管理人员，还要协调好上下各级的关系，带领好自己的团队，形成团结和谐的工作氛围和环境。人在愉快轻松的环境中，热情和效率都会很高。

　　而职业女性的不断充电对于保持工作热情也有很大帮助。在工作之余，除了积极参加企业的各种培训之外，还可以经常看一些营销学、管理学、人际关系处理等方面的书籍。学习有助于自身以后的发展，会使自己有一种奋发的动力，从而保持了工作热情。

　　对于参加工作时间稍长一些的女人来说，千万别因为已经工作了好几年就觉得自己老了，否则，容易使自己人还未老，心已老。平时，多和新来的年轻人沟通交流，感染他们对工作生活的积极热情的态度。给自己定下一个近期的、容易实现的而不是不切实际的目标，激发自己的不服输精神。

　　对于女人来说，家庭的幸福与否会直接影响工作的好坏。职业女性既要打理家庭，还要拼搏于职场。正确处理工作和家庭的关系会免去后顾之忧，从而热情面对工作。

　　在家里，同样要保持热情。让家庭弥漫着欢声笑语，每天就能够保持这份充足地精力和愉快的心情上班，工作不再是一种负担，热情自然就有了。

　　有些时候，女人该松手时就松手，人没有必要活得太累，快乐是最重要的。身心愉快了，做什么事情才有精力和热情，也就不用担心产生"工作疲乏"了。

　　有时同事之间，朋友之间，多多谦让一点，大家的关系融洽了，也就给大家创造了一个和谐的工作氛围。保持一种平和的心境，爱岗敬业，也不用担心热情消失了。

　　作为热情的女人，拥有一份好的工作不容易，保持良好的工作状态和较高的工作热情是一个职业人必备的职业精神，随时调节好自己的心情，处理好偶尔的热情落差，是热情女人应该经常修炼的情操。

积极应付挑剔和责难

　　女人在工作和生活中，难免遇到喜欢挑剔和批评别人的人。这时就需要女人耐心、静心地听他讲述，并能积极地运用一些技巧委婉地劝服对方，使双方的合作关系能够继续下去。

　　　　某个自来水厂的经理就曾遇到一位爱找麻烦的用户，他是地方上的民意代表，屡次给水厂打电话斥责水质不洁，或水中有小虫等等，而且以此为由拒绝付水费。更让自来水厂经理气愤的是这个人还向报社投诉，在开民意大会时大肆责备自来水厂。

　　　　水厂方面鉴于报社的压力不敢得罪他，于是委派了一位精练的女业务员去拜访这位民意代表。见面后，民意代表种种斥责迎面而来，女业务员只是频频地说"是"，并表示同情他的遭遇。

　　　　女业务员任凭民意代表发了两个小时的牢骚，最后表示虚心求教，还邀请民意代表做水厂的义务监督员，有问题及时反映，并保证立即改善他所反映有问题的水段的水质。

过了一段时间，女业务员又去拜访了两次，聆听民意代表的责备。终于，在她的努力下，这位民意代表渐渐地改变了以往的态度，表示愿意付清所欠的所有水费，而且以后再也不责难水厂了。

其实，这位民意代表自以为是主持正义，代表的是广大用户，为用户着想，实际上是想要得到一种不同于普通用户的"高贵感"，并想到用责难的方式满足他的这种高贵感，在女业务员的几次拜访后，他得到了充分的尊重，满足了他的高贵感，一场冲突也就这样化解了。

女业务员面对挑剔和责难时正是因为能够细心聆听和判断，才化解了这场冲突。女人应该明智地以宽容和大度去海涵对方以化解冲突，这样做还可能将对方争取到对自己有利的一方来。下面这个故事就是如何应付挑剔和责难最好得参照。

有一个商人愤怒地走进某家公司的经理室，大发脾气地嚷道："我什么时候欠你们五万元货款？我们一向是守信用的，几乎每次货到后就打款，这些账目我都亲自过目，什么时候欠五万元？你们这不是无中生有吗？既然你们这样，我再也不从你们公司进货了！"

这时，经理示意秘书倒了一杯水后，耐心地听这位商人讲话，其中多次想终止他讲下去，但是觉得那样不能解决问题，于是尽量让他发泄，等最后商人心情平静下来后，经理也了解了事情的经过：原来会计部经查账发现这位商人有一笔五万元的欠款，可能是商人忘记了，会计不止一次去函催款，商人一怒之下就乘火车从外地亲自赶了过来。

于是，经理静静地说："感谢您到我们公司来告诉我这件事，您已帮了我很大的忙，因为如果我的会计部门惹恼了您，就会惹恼其他客户，那样我们公司的损失就大了。您可以相信我，我会妥善解决这件事情的。您这样远道而来，先住下，等我询问了会计部再来与您商谈。您看这样好吗？"

商人没有想到经理会这样说，来之前他就做好了吵架的准备，甚至是去法院。经理的一番话让他感到意外，因为他愤怒地到公司来交涉，谁知经理反而要谢他。

经过考虑，经理首先认为商人不是赖账之人，再看商人比较细心，而自己的会计却要照顾数千份账目，出错是难免的，所以决定抹消这笔账。

经理来到商人的住处告诉他："我十分理解您的心情，换作是我，也会同样感到愤怒，既然您决定不再购买我公司的产品，这样我给您介绍一些别的公司，价格保证和我们的一样，省得您白跑一趟。欠账的事我查清楚了，我们的会计管理几千份账目，搞错是难免的，向您道个歉。也希望您不要追究了，您看好吗？"

随后的几天经理向这位商人介绍了几家别的公司，准备返回时商人却又在经理的公司订了一批比往常还多的货物。回去后，商人重新审核了账目，发现了是自己的错误，于是寄来了五万元支票和一封道歉信。此后，这个商人成为经理最忠实的顾客，并且还到处宣传帮助经理拉了许多订单。

女人在交际场合中面对别人的挑剔和责难，要学会向故事中的经理一样，首先要了解原因，即对方为什么会这样挑剔和责难，如果是因为一些误会，可以在耐心地聆听对方的责难之后，有策略地加以解释说明。对于别人的责难切不可置之不理，也不可逃避推托，积极地应付对方的挑剔和责难才是真正的合作之道。

当然，如果对方真的是那种无理取闹的人，那么女人可以巧妙地幽默一下，以回击对方，这样也不会伤了和气。

职场上要方圆有道

掌握人际关系的技巧能使你在与人交往中如鱼得水，是你在现实世界中拼搏、奋斗的有力武器。做事方正，做人圆融，正是这些人际关系技巧的精华所在。做事要方正，就是说做事要遵循规矩、遵循法则，绝不可乱来。中国人常说的"没有规矩不成方圆""有所不为才可有所为"，就是"方"这个道理。

每一个行当都有自己绝不可逾越的行规。比如说，做官就绝对要奉守清廉的原则，从一开始就要做好承受清贫的思想准备。如果做官开始的动机就不纯或慢慢变质，企图以权谋私或权钱演变，那这个官就绝对当不好、当不长了。

为商要奉行的金科玉律是一个"诚"字。真正的大商人必是以诚行天下，以诚求发展，绝不会行狡诈、欺骗之伎俩，为一些蝇头小利或眼前得失而失信于天下。

韩国因商业楼倒塌而产生的震惊世界的惨案，便是因为韩国的建筑承包商在建造大楼时偷工减料；中国生产鳖精厂家被曝光，是因为生产鳖精的厂家生产的竟是没有鳖精的鳖精，他们都犯了行商的大忌。做人要圆融。这个圆融绝不是圆滑世故，更不是平庸无能，这种圆是圆通，是一种宽厚、融通，是大智若愚，是与人为善，是居高临下、明察秋毫之后，心智的高度健全和成熟。

不因洞察别人的弱点而咄咄逼人，不因自己比别人高明而盛气凌人，任何时候不会因坚持自己的个性和主张让人感到压迫和惧怕，任何情况都不会随波逐流，要潜移默化别人而又绝不会让人感到是强加于人……这需要极高的素质，很高的悟性和技巧，这是做人的高尚境界。圆的压力最小，圆的张力最大，圆的可塑性最强。

这"圆"好做又不好做。好做是因为如果人真正有大智慧、大胸襟，真正能自强自信、心态平和、心地善良，凡事都往好的一面想，凡事都能站在对方的立场为他人着想，人的弱点皆能原谅，即便是遇见恶魔也坚信自己能道高一丈，如真能那样，人还有什么做不好的呢？

当然，也不乏有人为了某种利益和目的不惜敛声屏息，不惜八面讨好，不惜左右逢"圆"。但这种"圆"和那种"圆"绝对有本质的区别，这种"圆"的后面是虚伪和丑恶。

任何成功的后面都包含着牺牲。如果说有人能做到内方外圆的话，那也肯定包含了许多的牺牲。比如说做事要"方"，做事要有规矩、有原则，那就意味着许多事不能做、许多事又非要做，那无疑也就意味着会得罪许多人，惹恼许多人，意味着要舍弃许多利益，甚至招来杀身之祸。做人圆融，也会有牺牲。有时要牺牲小我；有时要承受屈辱、误解，甚至来自至亲至爱的人的伤害。如明明你在履行一种神圣的职责，他却以为你好大喜功；明明你是深谋远虑，他却认为你是哗众取宠。

小牺牲换来小成功，大牺牲换来大成功。能做到"方""圆"的，同时没有感到那是一种牺牲、痛苦的才是大成功、大境界；能为了"方""圆"去承受牺牲的是小成功、小境界，不愿牺牲也做不到"方""圆"的是不成功。方圆之道蕴藏了成功之道，掌握了做事为人的方圆之道，成功离我们就很近了。

把握机遇铸造辉煌未来

机遇偏爱那些有所准备的头脑。人生要能掌握机遇，所以当机遇来临时，必须多去尝试，若没有心理准备，即使再好的机遇也会溜掉。机遇一旦失去，便难以找回。

有的人一味地把自己的不如意归结为"运气不行"，这只是给自己的疏懒找个借口。如果你在失败者的队伍中询问他们失败的原因，他们的大多数人将会说：没有机遇，没有人帮助、提拔他们。他们还会说，优秀的人太多了，好的职位已被别人占据，一切好的机遇都已经被别人捷足先登，所以他们毫无机遇了。

能够成功的人却不会如此推托。他们默默地工作，他们不怨天尤人。他们稳扎稳打，他们不指望别人的帮助，他们依靠的是自己。

亚历山大在一次胜仗之后，有人问他："假如有机遇，你想不想把第二个城堡攻下来？"

"什么？机遇？我从不等待机遇，我会去制造机遇！"

一般人等待机遇以至于成为一种习惯，这真是很可怕的事。工作的热情与精力，就在等待中逐渐消磨。那些不肯工作而只会胡思乱想的人是根本看不到机遇的，只是那些勤恳工作奋发向上的人，才有看见机遇的可能。

在一次洪灾中，一个虔诚的信徒被冲到洪水中，他不会游泳，但他始终坚信上帝会来救他。就在他快被淹死的时候，有一艘船经过，船上的人叫他赶快上船，他回答："不用了，上帝一定会来救我的。"这个人一直在海中挣扎，这时又来了另外一艘船，船上的人又叫他赶快上船，他还是回答说："不用了，上帝一定会来救我的。"

在生死关头，空中飞来了一架直升机，一根绳子从空中放了下来，机上人员告诉他："朋友快上来吧！你会被淹死的。"这个人还是回答说："不用了，上帝一定会来救我的。"因为他错过了多次获救的机遇，最后还是被淹死了，等他到了天堂，他责问上帝为什么不肯来救他？

上帝说："我派了两艘船、一架直升机去救你，是你自己没有把握住机遇！"

这则故事告诉我们，在平常的生活中，也许已经有许多机遇在等待着我们。或许机遇就在眼前，或许在你的问题当中，就隐藏了一个机遇，然而，你却一直忽略了它们。关键就在于你没有做好抓住机遇的准备。你不妨从身边开始，找寻下一个成功的机遇，或是掌握住现在的机遇，把它做到最好。

其实，机遇对每一个人都是公平的。不存在厚此薄彼的问题，这就像阳光雨露会播撒到大地上的每一块地方一样，关键是一个人面对机遇究竟能不能真正把握住。

在能够把握机遇并且充分地利用机遇的人那里，机遇时刻都存在着，他们对机遇就像有经验的船夫利用风一样，两者之间似乎有一种默契。而在对机遇毫无知觉也不会很好地利用的人那里，即使机遇来到眼前，他也不能及时地抓住，而是常常让机会白白地失去。

不能很好地掌握机遇，成了许多人难以成功的原因之一。一个人要抓住机遇，首先要认识到机遇对于事业、人生的重要性，要研究机遇的特点和出现的方式，积极地追求机遇，争取机遇，绝不应在机遇到来时行动迟缓，疏于决断，造成一时甚至一生的缺憾。

当然，机遇不可能无缘无故地从天而降，机遇也不可能像路标一样，就在前面静静地等着你。机遇具有隐蔽性，它是隐藏着的；机遇具有潜在性，它等待着开发；机遇具有选择性，它只垂青那些在追求中、在动态中、在捕捉中的人。

这里有一点十分关键。你是被动地等待、消极地等待机遇，还是主动地去追求？等待机遇不像是等班车，到点儿车就来，机遇要看你的等待状况如何。是不是碰上了机遇，是不是捉住了机遇，是不是失落了机遇，是不是再也没有机遇，这些都是一种现象。而实质问题在于你是否在认真地准备着、在努力地追求着。

有的人机遇就特别的多，为什么呢？从他们的经验中，拿破仑·希尔发现，他们都有自己的一套接近机遇、创造机会的方法，不妨我们也试它一试。

第一，机遇来临时，要当机立断。有道是："机不可失，失不再来"。

有些人，由于平时没有养成主动接受挑战的精神，当机遇忽然来临时，反而心生犹豫。于是，在患得患失之际，机遇擦肩而过，悔之晚矣。因此，在平时就应养成主动接受挑战的精神。在大是大非面前，一定要当仁不让。

第二，不想冒风险，出人头地的机会便会大大减少。俗话说："不入虎穴，焉得虎子。"要抓住机会，还得有点冒险精神。因为机会往往是同风险叠合在一起的。因此，在精力旺盛的年龄，最适合扮演一下牛仔角色，为自己的人生增添一点传奇色彩。

第三，展示出自己的才能，别人才会帮你抓住机遇要抓住机遇，仅仅有才能还不够，还需要把才华显示出来，让身边的人尤其是上司知道。这样，机会光临时，有时可能会有这样的情形，你自己没想到逮住这个机遇，可上司却因为觉得你有才华，而帮你逮住了这个机会，让你喜出望外。

第四，朋友多机遇也多。善于掌握时机还要多为自己创造机会。那些走运的人不仅会掌握时机，同时还广交朋友，积极为自己创造机会主动结交朋友，多和陌生人交谈，参加各种聚会，喜欢同人打招呼，把自己作为一个"交流场"。这样，你的结交网越大，你发现某种走运机会的可能性就会越多。

灵活变通的处事智慧

一个人生活在社会上，难免会遭到不幸和烦恼的突然袭击。有的人面对从天而降的灾难，处之泰然，总能使平静和开朗永驻心中；也有的人面临突变而方寸大乱，一蹶不振，郁郁寡欢，从此浑浑噩噩。

为什么受到同样的心理刺激，不同的人会形成如此大的反差呢？这其中的原因在于是否能够冷静应变，其诀窍主要包括以下四个方面：

第一，居高临下，反复自问。面临灾难与烦恼，必须居高临下，反复自问，这样才能使你很快地稳定惊慌失措的身心。自问的问题大致有：

一是使我陷于困境的是些什么人和事？我真的被它压垮了吗？我不是在夸大困境的难度而缩小自己对付烦恼的能力吧？我是否失掉渡过难关的信心？多去思考诸如此类的问题是冷静应变的首要诀窍。

二是我面临的不幸和烦恼在多大范围和程度上影响自己吗？有多重要？也许并不是致命的，咬咬牙就可以挺过去的。

三是我的不幸和烦恼一定会发生吗？是不可避免的吗？我是不是在钻牛角尖，无端地把自己与烦恼绑在一起，折磨自己？

第二，保持情绪稳定。科学研究表明，"入静状态"能使那些由于过度紧张、兴奋引起的脑细胞机能紊乱得以恢复正常，你若处于惊慌失措、心烦意乱的状态就别指望能用理性思考问题，因为任何恐慌都会使歪曲的事实和虚构想象乘虚而入，使你无法根据实际情况做出正确的判断。

一是放松肌肉，做一切可使你轻松愉快的事。当你平静下来，再看不幸和烦恼时，你也许会觉得它实际上并没有什么了不起。

二是驱除你忧伤与烦恼的所有言行，保持你在遭受不幸和烦恼前的生活、学习和工作秩序。要记住：你的感觉和想象并不是事实的全部，实际情形往往要比你想象的好得多。

三是人所陷于的困境往往来源于自身，因此，对自己和现实要有一个全面正确的认识。这是突变面前保持情绪稳定的前提之一。

四是当你被暴怒、恐惧、嫉妒、怨恨等失常情绪所包围时，不仅要压制它们，更重要的是千万不能感情用事，随意做出什么决定。

五是当你处于困境时，要多想想别人，别人能渡过难关，自己为什么不能调动潜能去应付突变呢？

第三，保持心理平衡。大量的实验证明，平衡的心理是任何一个面临突变，但却不被突变所击垮的人必备的心理素质。

一是要学会自我宽容。人世间没有无所不能的人，人外有人，天外有天，企求事事精通、样样如意只会促使自己失去心理的平静，所以应先明了你可以稳操胜券的事情，并集中精力去完成它，你定会因此而感到莫大的喜悦。

二是不要怕工作中的缺点和失误。成就总是在经历风险和失误的自然过程中才能获得的。懂得这一事实，不仅能确保你自己的心理平衡，而且还能使你自己更快地向成功的目标挺进。

三是不要对他人抱有过高期望。百般挑剔，希望别人的语言和行动都要符合自己的心愿，投自己所好，是不可能的，那只会自寻烦恼。

四是要学会让步，适当屈服。自尊心应是柔性而不是刚性的，应承认自己在某些方面不如别人。

五是多对他人表示善意。为家人、朋友做些力所能及的事，并以此为荣、以此为乐，这样将大大减轻你的烦恼，从而保持心理平衡。

六是时刻准备应付意外之灾的袭击。心理平衡的核心在于对可能出现的麻烦预先有所准备。这是每一个突变降临时心理仍保持平衡的人所时刻遵循的原则。

做职场上的主动者

一个女人要想在职场上打拼出一片属于自己的天地，要想获得别人的赏识，除了完成自己的工作任务，还应充分了解工作的意义和目的，了解公司战略意图和上司的想法，了解作为一个组织成员应有的精神和态度，了解自己的工作与其他同事工作的关系，并时刻注意环境的变化，自动自发地工作。

如果你是一家书店的营业员，你是否能勤擦拭货架上的灰尘？如果你是一家公交公司的售票员，你是否让你的车时时保持整洁？如果你是一家商场的服务员，你能否能给顾客一个让他们再次光临的微笑？一个身在职场的人，如果做事不主动，那么她的前途就会很被动。

赵春娥出生于河南省偃师县赵家岭一个农民家庭，1966年到洛阳市老集煤场工作。煤场的活，一年到头同黑煤打交道，灰眉乌眼，又脏又累。一些人嫌弃"煤黑子"，借故托关系调走了，她却甘之如饴。

她说："轻活重活都得有人干，煤场虽脏，工作虽累，但它联系着千家万户，谁家能不烧煤，谁家能不吃饭？只要工作需要，我情愿在煤场干一辈子！"

赵春娥还说："七十二行，哪一行都得有人干，咱把后勤工作搞好了，让科学家集中精力搞科研，让工人精神饱满搞生产，也是为国家做贡献！"

　　1971年，赵春娥负责在车站看守煤堆。不管严寒酷暑，还是刮风下雨，她都是提前到现场，用一把铁锹，一把扫帚，帮着装车，清理煤场。赵春娥把煤底扫得干干净净，即使撒落到道轨、碎石缝里的碎煤，她也用手一点一点地抠出来，十个手指都被碎石磨出了血。有人计算，她在车站看煤两年，共扫出土煤50多吨。

　　由于她在平凡的工作岗位上，一直战斗到生命的最后一刻，做出了不平凡的业绩，1983年2月12日国务院决定授予赵春娥"全国劳动模范"称号。

在职场上，你想要在工作上得到好的回报，就要积极主动地去做事。多数人之所以在公司没有受到重用，原因就是他们总是被动地应付工作，如果没有人指派任务他们就不去做。

　　这样的员工当然不会受到上司的青睐，也不会成为优秀的员工，因为上司永远都喜欢不计个人得失而主动为公司着想的人。一个人在工作中积极主动不仅能实现自身的价值，而且还能得到晋升的机会。

　　小美是一家化妆品公司的市场调查员，她的工作就是做市场调查，并且向客户递交市场调查报告，以便让客户更好地制订投资策略和价格定位。

　　刚上班的时候，上司交给了她们组一个任务，外出作一个化妆品的市场调查。小美很茫然：一个人口上百万的城市，调查该从何做起？她翻看了以往同事作的调查报告，发现这些报告内容千篇一律，缺乏实质性的东西。

在了解了那些客户对调查报告的不满之后，小美觉得公司应该改变调查方式，从了解使用化妆品的女性消费者出发，作一个切实可行的调查。

于是她顶着 6 月的烈日整日在大街上穿梭，另外还去了一些演出的场所，走访了众多使用彩妆的女性消费者。一个月后，小美向上司递交出一份翔实的调查报告，并向上司说明了她的意见。上司有些不相信这么一个瘦小的女孩能改变他之前制订的调查方式，但看了她的调查报告之后露出了赞许的笑容。很快，小美就被提升为部门主管。

小美的工作态度是值得每一个身在职场的女性学习的，想要成为受老板欢迎的员工就需要积极主动地做好自己的工作。事实上，没有老板会喜欢那种事事要别人催促，事事靠别人吩咐的员工。

小萧是一家大型企业的质检员。有一次，她偶然看到公司的一位宣传员在写一本宣传材料。但她看过之后发现这位宣传员毫无才情，写出来的文字无法引起别人的阅读欲望。因为平时对文字比较感兴趣，又加上最近工作任务不多，小萧便在业余时间写出一本宣传材料，并给了那位宣传员。

宣传员发现她文笔优美，比自己的写作水平要高出好多。他决定舍弃自己写的东西，把小萧所编的这本宣传材料交给了总经理，并对小萧表示感谢。

第二天，总经理就把那位宣传员叫到了自己的办公室。"那本宣传材料我看过了，不过好像不是你做的吧？"总经理问。"不是。"那位宣传员不好意思地回答。

"到底是谁做的呢？"总经理问道。

"是质检员小萧。"宣传员回答道。

总经理很快就把小萧找来了。"你怎么想到要做这个宣传材料呢？"总经理问她。

"我觉得做这个宣传材料有利于在内部进行宣传，让员工了解我们的企业理念和管理制度，也对扩大我们企业的影响有好处，更能够加强我们的企业品牌，有利于产品的对外销售。"小萧说。

总经理笑了笑说："做得好，我很欣赏你！"

一个星期后，小萧被调到了宣传部，做了宣传主任，负责对外宣传。一年之后，她因出色的工作表现，又当上了总经理助理。

主动性是一种非常可贵的品质，每一个希望自己能够有所作为的人都不应该忽略它。闻名世界的美国钢铁大王卡内基曾经说过这样一段话："有两种人注定一事无成，一种是除非别人要他去做否则绝不会主动做事的人，另一种人则是即使别人要他做也做不好事情的人。

那些不需要别人催促就会主动去做应该做的事，而且不会半途而废的人必将成功，这种人懂得要求自己多努力一点，多付出一点，而且比别人预期还要多。"不管是谁，若想登上成功之梯的最高阶都必须永远保持积极、主动的精神。

和平型女人的成功密码

和平型女人向往的状态是一团和气，在她们心目中是以和为"贵"，其他的都为"贱"。为了达到"和"，她们有时会牺牲原则。所以，和平型女人的目标若不是当一个调解员，这种追求和气而丧失原则的做法，将会成为她们成功的绊脚石。

古时候，有个将军养了一个门客，因为将军自己性格鲁莽，有很多缺点，他希望这个饱读诗书的门客能帮助自己挑一些毛病，在关键的时刻，给自己提些意见。

哪里知道，他请的这位门客正是和平型的人，性格温和，在做事时没有自己鲜明的立场和见解。每次将军做事时，他都会说好。最后，这位将军没有办法，就把他辞退了。

别人问将军："他这么听从你，为什么还辞退他呀！"

将军说："他来了三年，我是希望他指出我的毛病来，可是他不但没有这样做，反而凡事顺从我，我做什么他都说好。我留他还有什么用呢？"

通常来讲，和平型的人看上去非常温和，他们内心没有鲜明的立场，他们常常认为哪种立场都有对的地方，都有做法都有可取之处，哪怕是有人想南辕北辙，他也会想：这也不错，借机做一个环球旅行了！基于这一点，这个和平型的门客不可能像魏征一样，宁可被杀头也要进谏，因为他们内心之中觉得没必要那么激烈地否定别人，或许对方的做法也能侥幸成功呢！

有些和平型的人，有时将"和"放在了首要位置，有时为了维护表面的、一时的和气，往往会牺牲最基本的原则。

马丽就是一个和平型的女孩子，在生活中她谁也不得罪，一旦得罪了人，看别人对自己的白眼，她自己都觉得不踏实。

毕业后，她被分配到了一家公司的质检部工作，任务就是检查公司的产品是否合格，若发现有不合格的就挑出来，厂里就会追究制作者的责任，扣罚他们的奖金。马丽在工作的第一天，就听说公司原来的质检员人缘特别差，很多员工都骂她，原因就是她太较真。

马丽见老质检人员得罪了人，心里想自己可不能学她了。在她工作的第一天，她就发现了两件不合格的产品，可是她细一想，不如算了吧，数万件的产品，也不差这两件。如果把不合格的挑出来，做这件产品的工作肯定会恨自己的，不如睁一眼闭一眼。

马丽工作了两个月，一件不合格产品也没有挑出来。可是随后，公司的效益就降了下来，订单也减少了。公司领导在向客户和消费者调查原因时发现，公司因为有个别的不合格产品，影响了形象，所以不愿再买了。公司领导知道后，停了马丽的职。

马丽因为讲和气，不愿得罪人，结果丢掉了工作。许多和平型女人都要注意这一点，不要为了和而和，不要牺牲原则和立场去求和。

小赵原来一直跟同学夸自己的老板，态度和蔼可亲，从不批评人，一点也没有老板的霸道、难以接触的毛病。可是还没过试用期，小赵就来找同学诉苦，并决定辞职了。

同学问道："你不是一直夸你的老板好吗，为什么还要辞职呢？"

小赵叹着气说道："别提了，和事佬难做大事呀！我宁愿有这样一位母亲，而不愿有这样的老板。"

原来，小赵的老板只注重一团和气，在管理公司时纪律不明、惩罚不明。谁若是不高兴发脾气了，老板就会偏向谁。有一次，小赵和一个同事一起出差，同事在出差时经常四处闲玩，不着急工作。小赵努力地工作，业绩当然比同事高，老板就决定只给小赵奖金。

可是那个一起出差的同事不服，直接就去找老板吵架，说自己一样辛辛苦苦出差，业绩不高是因为客观原因所致，自己也努力了。老板一听，也给那个同事发了同样数额的奖金，这事让小赵心里很不平衡。

老板就找小赵谈话，让他提些意见。小赵就把办公室里一个大家都厌烦的同事举报出来，可是老板马上就转移了话题，说道："我觉得他总是准时上班，表现得很棒啊！有些客户是很难缠的，不要因为他人的挑拨而破坏了同事之间的和气。"

从那以后，小赵再也不跟老板"举报"哪位同事了，他也开始向那些同事们学习，上班时玩游戏，见到客户时随便应付。到月底时，若是不给奖金，他就会找茬跟老板吵，老板就会照常把奖金发给他。

在这个"和事佬"的老板的管理下，整个公司都处于涣散的状态，毫无纪律，员工对公司的前途毫无信心，虽然老板温和得像个母亲，但是大家好像都不满意，个个牢骚满腹，心里都不平衡：哪个同事干活少奖金高啦，哪个同事迟到一样开工资啦，大家都在比这些，而不是比谁的成绩最大、能力最强。小赵发现若是再这样混下去，能力肯定退化了，于是他才决定辞职。

我们知道，像小赵的老板这样的和平型女人，她们的特点就是十分温和，不喜欢与人起冲突，想要与人和谐相处，避开所有的冲突与紧张，希望事物能维持美好的现状。

然而这些特点在事业上，有时非常不利，所以对于和平型女人来说，要想在事业上有所成就，一定要具备立场鲜明、坚守原则，做事对事不对人，而不要被一团和气阻碍了成功的步伐。

不同类型女人的成功公式

情西方心理学家通常按不同人的不同个性将人的性格分为完美型、给予型、成就型、悲情浪漫型、智慧型、忠诚型、开朗型、领袖型、和平型等九种类型。不同类型的女人，决定她们成功与否的关键因素都不相同。

完美型的女人在做事时非常勤奋和自律，如果选对一个正确的目标，她们就会通过忘我的工作来达到目的。为了做好一件事，她们不惜浪费自己的时间，哪怕是休息的时间。

但由于她们在追求成功的过程中过于追求完美，这就造成她们实际上很难完成自己的目标。所以对她们来说，成功的关键在于在做的过程尽可能做到完美就行，不要固执于所谓完美的标准。她们的成功公式就是：

成功＝勤奋＋自律－完美

给予型的女人常常因为别人需要她的帮助、离不开她而觉得自己很有价值，在工作上、事业上，她需要得到别人的称赞和认可，而不太去关注个人的发展。

比如她因有了更好的工作机会而要向现任老板辞职，如果老板说道："你留下帮帮我吧，我现在处于危难关头，你离开了可不行。"给予型的女人听了这句话后，就会留下来了，对她来说，帮助别人、对别人来说必不可少，比钱更重要，所以她们常常不去规划自己的事业，而受别人的需要的"摆布"，这一点可能会阻止她的事业的发展。

但是给予型的女人有一颗爱心，很愿意帮助别人，所以跟客户的关系会很好，都会像朋友一样。因为她平常乐于助人，会为自己建立很好的人脉关系。所以对于给予型女人来说，她们的成功公式就是：

成功＝适当的自私＋人脉合理的规划

成就型女人活着的最大意义就是获取成就，她们会把工作、事业放在第一，做起事来非常卖命，非常勤奋，所以成就型女人是非常接近成功的，唯一阻碍她们成功的就是，她们太过于关注成就，而逃避失败。因此成就型女人在事业上欠缺执著的精神，她们希望时时能看到自己有所成就，当不能及时带来成就体验时，她们就会当了"逃兵"。所以对于成就型女人成功的公式的就是：

成功＝专注＋勤奋＋执著

悲情浪漫型女人若想成功，首先要选对行业，对于类似于服务行业的工作是非常不适合她们的，因为她们最顾及的是自己的感受而不是别人的需要，她们特立独行、追求浪漫的性格，根本不会忍气吞声迎合别人的需要。

悲情浪漫型女人非常情绪化，若是别人惹她们不高兴了，当下就会给脸色、怄气，想想林黛玉，在贾府闹过多少次情绪。这种情绪常会使她们不顾及利益得失，对事业发展非常不利。所以对于悲情浪漫型的女人来说，要想事业成功，首先要学会控制自己的脾气，不要过于情绪化。

悲情浪漫型女人一般都是品位不俗，具备某种天赋，所以她们若想成功，最好是听从自内心的感觉，做出自己的风格，千万不能为了功利目的去媚俗或迎合别人的口味，这样会阻碍自己的成功。所以她们的成功公式就是：

成功＝选对行业＋坚持自己的风格＋控制情绪

智慧型女人成功的资本是知识，但她们往往是行动迟钝、执行能力差，所以会缺少见识，有时甚至连基本的常识都缺乏，对于她们来说，成功的公式就是：

成功＝知识＋见识＋常识＋执行能力

忠诚型的女人不太适合自己做老板，因为她们忧虑的性格和犹豫不决、优柔寡断的特点，会很误事，对她们自己来说也是一种折磨，她们喜欢顺从权威，在这种情况下，选择做一个好员工也算是一种成功。但是，要想做一个好员工，也必须改掉自己的一些毛病，比如因为胆小、爱忧虑，她们不愿变换新的环境，不愿冒险，在未曾做过的工作前，会退缩和迟疑。

另外，忠诚型女人喜欢顺从，常常是"别人告诉我咋做我就咋做"，不太习惯于自己掌握权力。这些都影响她们在职场上的发展，如果她们能适当地学会冒险，并"主动"要求上司授权，接下别人不敢接的工作，自然能得到更多的表现机会。这一点，是忠诚型女人特别需要改进的地方。所以对于忠诚型女人来说，她们成功的公式就是：

成功＝忠诚＋接受挑战＋主动

开朗型女人在做事时常和成就型女人犯同一个毛病：缺少执著的精神。成就型女人常常因为不能见到成就而不愿坚持，开朗型女人则会因为没有乐趣而放弃，这样对于成功非常不利。

所以对于开朗型女人来说，她们成功的关键在于能坐得住、耐下心来。开朗型女人思维活跃，非常有创意，而且是团队的开心果，这一点对于成功很有利，所以她们成功的公式就是：

成功＝新创意＋人脉＋耐性

领袖型的女人是做大事的"材料"，她们具有很强的事业心，能够把握大局，迅速洞悉各种信息，勇于接受挑战，果断地进行决策。但是却缺女人人的温和，因为性格强势，会让人觉得专横霸道，常常把下属"吓跑"，所以她们成功的关键在于人气，打温情牌笼络人气，她们成功公式就是：

成功＝把握大局＋果断＋打温情牌

和平型女人在做事时常常是以和为贵，没有做事原则，这非常不利于事业的成功。她们在做一件事情时，往往不能合理地分配时间，常常是开始不紧不慢，到最后才开始着急，在紧急的状态下迅速完成工作。她们在做事时非常细心，能关注到每一个细节和部分，但是常常是分不出清重。所以和平型女人成功公式就是：

成功＝坚守原则＋合理安排时间＋主次分明

第三章
有气质的女人，不会缺朋友

朋友是我们生命中最宝贵的财富，不可或缺。一个没有朋友的女人不仅不受欢迎，她的人生也是苍白的，这不仅是说当她遭遇不幸的时候没有人能够与她一起分担痛苦，而且即使是面对快乐也没有人能够与之共享。

女人拥有上帝赐予的温柔细腻的特质，我们要善用这种特质，使自己在广袤的人际交往中左右逢源。身为一个有气质的女人，经营好你的人脉网络，才能创造财富，最终成为一生的赢家。

友谊是女人一生的财富

朋友总是在你不在的场合毫不犹豫地代表和维护你的利益，在听到有可能对你造成不利影响的流言蜚语或无耻谎言时，坚决地予以制止和反驳……在你哭泣的时候，他们你哀伤；在你欢乐的时候，他们为你祝福。

友谊对人生是不可或缺的。如果没有友情，生活将缺少悦耳的和音。纪伯伦说过："你的朋友能满足你的需要。你的朋友是你的土地，你怀着爱而播种、收获，就会从中得到粮食、柴草。"缺少友情，心灵犹如一片荒漠，而友谊却如甘露，可令沙漠生出绿洲。

友谊是心灵的沟通，情感的交流；是无私的关怀，宝贵的信任；是正直的告白，热情的鼓励。友谊是对理想的共同追求，是前进征途的真诚合作，是困难关头的相互支持，是人生道路上的光明灯塔。

友谊如歌，一首清新自然的歌，即使是几个简单的音符，也能弹奏出一支动人的曲子。在你黯然失色的日子里，熟悉的旋律便会在你的耳边轻轻响起，给你自信。

友谊如茶，一杯清醇甘洌的茶。只有细细品味，方能尝出个中滋味。寒冷的夜里，你不需要任何佐料，一杯热茶就能温暖你的心房。

友谊如诗，一篇短小精悍的诗。无论多么深奥难懂的道理，在诗里都诠释得清晰明朗。在痛苦迷惘时你不需要踌躇，诗中蕴涵的哲理自会冰释你的困惑和迷茫。

友谊能够调节人的情感。当你遭遇挫折而感到愤懑抑郁时，向挚友的一席倾诉可以使你得到疏导。你尽可以向朋友倾吐你的忧愁与欢乐，恐惧与希望，猜疑与烦恼。如果你将忧愁同一个朋友倾诉，忧愁将被分担一半，而你将快乐传送给一个朋友，就将收获两个快乐。

友谊能够增长人的智慧。当你思绪杂乱无章，一筹莫展的时候，与朋友促膝交谈可能会比你独自冥思苦想有效得多。朋友的一个建议，一点看法将使你摆脱纷乱的思绪，"一语点醒梦中人"，你的头脑变得清醒，更容易看出隐藏在事物现象下的本质。

友谊能够完善人的性格。"忠言逆耳，良药苦口"，好朋友不怕得罪你，总会善意地向你提出忠告，只是真心地希望你变得更好、更成功。许多伟人身边总不乏这样的益友。

女人不能离开友情的滋润。友情是女人一生最珍贵的财富。正如马克思的一句名言，"人的生活离不开友谊，但要得到真正的友谊却是不容易的；友谊总需要忠诚去播种，用热情去灌溉、用原则去培养、用谅解去护理。"

许多女人都有过相同的困扰，抑或现在正受此困扰，在你越是需要朋友的时候，越容易发现自己的朋友怎么那么少？而且在这寥寥可数的几个朋友当中，恐怕也难找到一个有空与你相伴的人。

友谊需要真诚，因为真诚是架设在人心之间的桥梁，是沟通心灵的纽带，是震荡情感的波弦。友谊需要带有真诚的宽容，这种宽容是人类友谊中最有魅力的黏合剂、润滑剂，它犹如种花，回报你的是姹紫嫣红、满园春色。

走出那扇看不见的门，把自己化作清凉的雨丝，把自己化作透明的山泉，只有拿出自己的真诚来，才能获得一份属于自己的友谊。

友谊是甘甜的佳酿；友谊是纯洁的泉水；友谊是深情的海洋；友谊是女人应当用一生去守护的财富。

人生需要几个真心朋友

青年女性喜欢交朋友，在与朋友交往时应多强调精神因素，淡化物质上的交往。交友时应把对方的道德品质、脾气和性格是否与自己相投作为择友标准，不可以贫富贵贱作为择友标准。

与朋友交谈或来往时应强调精神上的交流，例如聊一聊最近的生活感触，互相给予鼓励和支持等。不可一味地谈金钱、谈物质，这样会给对方很不好的印象。当对方遇到物质方面的困难时，应慷慨地给予对方物质帮助，不要吝惜，这样会使对方觉得你是一个真正的朋友。

人们大都是与自己年龄相仿的人交友，但如果与跟自己年龄相差很大的人交朋友，也会有意想不到的效果。老年人遇事经验丰富，年轻人遇事热情有冲劲，两者的交往可以取长补短，所以社会上也不乏"忘年之交"。

人与人交往的最好结果是心与心的相通、志与志的相合、心理与心理的相容和分寸适度的距离感。

在现实生活中，由于每个人所处的环境不同，因此在经历、教育程度、道德修养和性格等方面也各不相同。这些差距不应成为友谊的障碍。承认这种差距，适应这种差距，双方可以有争论、有辩解，从争论中寻找两人的契合点，求同存异。

同时，在涉及精神信仰的因素中应尊重对方，在涉及认识水平的问题上应通过暗示、影响等使对方认识到你们之间的差距。总之，有时保持这种距离，比强迫对方或自己改变以缩短差距要可行得多。

一个人活在世上，可以没有金钱，没有事业，没有家庭，但是万万不可以没有朋友！朋友是巨大的财富，女人拥有的朋友更是她们的宝藏。

许多时候，朋友之间的关心、帮助、体贴胜过兄妹，胜过夫妻。而且，深厚的友情往往比爱情更隽永，更真挚，更持久。但现实生活中，有相当一部分人，尤其是女性朋友，一旦有了爱情，局限于爱情与家庭，并全心全意地投入，与过去的朋友就明显地疏远，对深深浅浅的友情也就不那么爱惜了。

她们的借口是："哎呀，太忙了。"忙确实是真忙。她们情不自禁地沉湎于小家庭的欢乐，她们津津乐道地忙着一份幸福的小日子。至于朋友，至于那些友情，有点顾不得了，似乎有无都无关紧要了。

其实，交友不仅是一种感情的交往、交流，还是生活的重要扩充。每个人都有一定的局限性，生活的环境、生活的内容、生活的经历都被内外的因素规划了，圈定了。由此，自己的视野、见地、经验、心胸，便容易为这种"规划"与"圈地"所限制，只能狭小，只能浅薄，只能片面。

比较而言，男人比女人博大些，他们有更广泛的兴趣，更注重对外部世界的关注，更多一点探索与冒险精神。而女性朋友如果有了爱情与家庭之后，连与朋友交往的热情都减退得一干二净，那么，她们的生活圈子、胸怀只能一天天的更窄更小。

友谊和爱情对女人来说，无论在什么时候都会同等重要。所以，女人结了婚，千万不要排斥掉自己结婚前的一切，更不要丢掉自己结婚前的那些朋友。

保持自己的情趣，保持自己的爱好，保持自己的社交活动，保持自己除爱情以外的一切感情联系，是丰富自己、更新自己、完善自己的很好的方法。只有这样不断地丰富、更新、变化与完善，家庭生活才更有色彩，爱情和幸福才能保持得长久。

纯真的友谊是女人一生中最美好的东西，它摒弃了人世间的卑鄙与狡诈等丑恶的现象，而代之于思想情感的默契和支持，形成了为共同事业奋斗的力量。所以，女人在一生中必须交到属于自己的真心朋友。

深入别人的心灵才能轻松打开封闭的大门。真正了解别人内心的需求和想法，给予贴心适度的关怀，才能轻松获得别人积极的回应。

无论是在化解矛盾的过程中，还是在说服他人的时候，能够深入他人内心，往往能达到意想不到的效果。人和人之间为什么多是冷漠？因为大多数时候，别人说的话和做的事不能触及对方的内心，就像抓痒总是找不准地方一样，不但不能让对方产生舒服的感觉，反而还会惹人急躁和心烦。

为什么"交人要交心"？只有找到打开对方心门的钥匙，开启他的心扉，才能进入他的世界，把他引到你的天地。人最重要的不是行走在俗世中的躯壳，而是心灵的感受和思想，即使是一个大俗人也会看重他自己内心的感受，并努力按照心灵和心情的意志去说话行事。

"交心"意味着尊重和理解对方最重要、最真实的感受。那些不能把话说到别人心窝里的人，永远只能游离在别人的心门之外。很多人只会谈论自己，把别人"逼迫"成为自己的听众，他们自己说着言不由衷的话，同时也忽视了别人的个性和感受。没有什么事比自己的内心得不到认知更令人恼怒的，那会让人觉得自己无关紧要而失去价值，甚至产生敌意。

必要时轻轻地拨动他内心深处的一根弦，让他和你产生共鸣。一旦你探测到对方的独特之处，在他的情感上下功夫，触摸到对方最脆弱敏感的一环，观察到他的心理状态和情绪反应，你就能轻松地软化他。

你的言语就会像暖和的春风一样化解他冰冷的淡漠，他的一切防御都将被彻底地轻轻柔柔地瓦解。一旦你挠到了对方心灵中的痒处，就削弱了他的控制力，进而增加了他对你的感激和信任。

如果他害怕孤独，你就给他慰藉；如果他有所畏惧，你就给他安全感；如果他希望安静一会儿，你就让他一个人待着……强迫别人的意愿或者漠视对方的情绪都对你不利。你必须把触角伸到他的心灵中，牵引着他自愿朝你的方向靠近。

俗话说："酒逢知己千杯少，话不投机半句多。"所谓知己者必"知心"，所谓"投机"者必"投缘"，和"心机"相吻合。你对他从内到外随时随地地贴心关照会让对方觉得离不开你，他会更热衷于和你交往，会更感激你。一旦你争取到了他的心，你就会拥有终生的朋友和忠诚不二的盟友。

朋友之间就像一条河，此岸是你，彼岸是我，真诚是连接两岸的桥，真诚是维持朋友之间纯洁深厚友谊的桥梁。

但现实中，女人们的内心对人性其实是有着很深的怀疑的，这使得很多人无法始终如一地信任他人。但是，当女人在信任他人的时候，自己的内心是快乐的；产生怀疑时，本身也就充满了矛盾和痛苦。

相信他人其实是很快乐的事，女人都需要被完全地接受。在一个自己所信任的朋友那里，一定会得到安全感，觉得可以靠着他温暖地睡去，而不必担心任何危险。觉得自己心里的事都可以说出来，不会有任何负担。

可见，信任是如此的重要，它决定着女人对一个人的态度，所以，人和人之间要有信任感，彼此吸引，以建立长久真挚的感情。

女人有朋友才会幸福

不论时光如何流逝，作为女人，你随时随地都得拥有朋友，有小时候的玩伴和你一起回味天真，有念书时的闺密与你一起分享心事，有朋友陪你一起放纵，有网友陪你打发无聊的时光，有蓝颜可以帮你驱逐寂寞，有患难之交之交陪你渡过难关。这样的人生才是快乐的人生。

很多女人一旦进入爱情或婚姻，为男人奉献了自己全部的真心，让自己的生活完全围着男人打转，就会不自觉地疏远平日里的朋友。其实女人这样做是很危险的，这好比一个人将所有的鸡蛋都放在一个篮子里，一旦这个篮子发生意外，那么所有的鸡蛋都保不住。

　　荧在与她的丈夫林认识之前，也是有一大堆好朋友的。但自从认识了林以后，荧便把所有的心思都放在了林的身上。林有着修长的身材，英俊的外表，儒雅的谈吐，更吸引人的是他还有着许多男人少有的温柔和体贴。

　　和林在一起，让荧感到非常满足，她觉得自己的世界只要有林就可以了，别的人都显得不那么重要了。有时候，以前的那些朋友约荧出去玩，她都会找各种借口回绝，于是渐渐地就没人再找荧了。荧也就索性把自己封闭在两人世界里，并且在很长一段时间里都觉得相当幸福。

然而令荧没有想到的是，自己整天围绕着林转圈，不给林留一点他自己的时间，这让林感到非常压抑和烦闷。于是，林便会想方设法地寻找各种理由在外面逗留，公司有出差的机会，他也会尽力争取。

荧一个人待在家里的时间越来越多，有时候荧也会生气林不陪自己，但想到林是为了工作方面的事情而不能陪自己，也就不能去责怪他。加上自己长时间没有和以前的朋友联系过，荧的孤独感也越来越重，性情也变得越来越孤僻。

随着时间的推移，她与林的交流越来越少，最后发展到只要一提起某个话题就能引发一场家庭战争。更令荧感到痛苦的是，林竟然在外面有了别的女人。

她的婚姻面临崩溃，这一切都让荧感到措手不及，她好想找一个人倾诉一下自己的痛苦和烦恼，好想找一个人商讨一下对策，但这个时候她才发现自己的周围已经冷冷清清了。

没有朋友的女人是苍白的，不仅当你遭遇不幸的时候没有人能够与你一起分担痛苦，即使是面对快乐也没有人与你分享。

三毛曾经说过："我的心里有很多的房间，荷西也只是进来坐坐。所以女孩们要有自己的社交圈子，不要一谈恋爱你的朋友都被'贬为庶人'"。

女人们，千万不要沦落到你的手机短信息里面只有男朋友或丈夫的短信息。也许你会认为这是对爱情忠诚的证明，要知道没有朋友的人才是真正可怜的人。

　　韵是一个非常豪爽的女人，有着很让人羡慕的生活，有爱她的丈夫、听话的儿子、漂亮的家，且自由自在，随心所欲。她交了很多朋友，今天和这个喝茶，明天和那个吃饭，结伴逛逛街，旅旅游。

　　可这一切在突如其来的打击之下变得面目全非：她被检查得了早期卵巢癌，幸好手术后没什么大碍，接着丈夫也是肺癌晚期，不久丈夫就抛妻弃子，撒手人寰。丈夫临终前交代儿子："你妈是个喜欢自由的人，她喜欢干吗就让她干吗，别去干涉她。"

　　儿子遵循老子的教诲，很孝顺。有些朋友曾经担心她难以打发余下的日子，常常去看看她，可每次去都要"预约"，因为她有姊妹8人，不是去这了就是去那家了，要么同学约去了，要么下放时的农场好友约去了，要么工作后的同事以及邻居约去了，总之，她是充实的，不寂寞的。

　　儿子孝顺，朋友真诚，但好像还缺少点什么，毕竟才50出头，还应该有情感生活。有一天一位朋友问她是否想找个伴，她告诉那位朋友，她一直有个处得非常好的异性朋友，是她中学的同学，也是她下放农场的同事，很多年没有联系，一次偶然的机会又相见了，他曾经暗恋过她，之后也只是普通朋友，有快乐与不快乐彼此述说一番。

　　当她丈夫辞世后，他给了她无微不至的关爱和帮助，给了她从她丈夫身上从没体会到的感觉。他们谁也没有谈到婚嫁，但她有闲情雅致的时候，便会约他来家里，为他烧几个小菜，两人对饮着，说会儿小话，看场电影，情感因为有他便不寂寞。儿子也为他们提供方便，朋友也由衷地为她开心。

如果当时她没有朋友，像过去大多数女人，像毕淑敏的《女人什么时候开始享受》所描绘的可悲的女人那样，肯定早就被打击得一蹶不振，一夜间白发苍苍，满脸皱纹，几日里仿佛老了几十岁。

或孤独地度过余生，或儿女带回小孩子给她带，一辈子为他人而活。终了，带着满腹的遗憾，怀着对来生的憧憬，含着复杂的心情离开人世。可是，她因为有了许多不同的朋友，顺利度过了以为难以度过的日子，现在的生活她很知足，很快乐。她是一个幸福的女人。

唯有朋友才能在你悲伤无助的时候，给你安慰与关怀；在你失望彷徨的时候，给你信心与力量；在你成功欢乐的时候，分享你的胜利和喜悦。

在人生旅途上，尽管有坎坷，有崎岖，但有朋友在，就能给你鼓励，给你关怀，并且帮你度过最艰难的岁月。人生匆匆而过，发小、闺密、狐朋、蓝颜、患难之交在女人的一生中都是不可或缺的。

女人不可缺少闺中密友

在女人的一生中一定要拥有几个亲如姐妹的好友，这种朋友有一个温暖的名字，叫"闺中密友"。闺中密友的情分细细绵绵，悠悠长长，一辈子也诉不尽。"闺"不单单指闺阁、闺女、闺房的"闺"，而是指一个女人在她漫长的一生中只有同性之间才明白和理解的闺中情怀。

心理学家认为，亲密的友谊可以增强免疫系统的抵抗力，降低疾病对身体的威胁。女性最放松、最舒适的减压方式既不是健身操，也不是长途旅游，而是向同性密友开怀倾诉。因为这是一个与自己完全相同的群体，相互间能够理解共同的悲喜，并以与生俱来的母性给予同伴最贴近的关怀和帮助。

瑾的朋友极少，只有彦一个。

彦曾笑瑾太懒，懒得连朋友都不多交几个。"朋友这东西又费神又费时，有一个就行了，再说女人之间能互不相厌的本来就少，我就不奢求了，你算是我又老又少的朋友。"瑾说。

那时，她们经常找借口混到一起浪费掉一个下午，吃东西、美容、逛街、发呆，天黑前像完成任务一样，心满意足地各自回家。她们极少打电话，如果打，一定是遇到大问题了。

一次彦半夜打电话给瑾，说在大马路上坐着呢，问瑾想不想去看看她。瑾去了，在一家医院门口，彦抱着瑾，抽抽搭搭说："有个女孩为了我男朋友自杀……现在正在抢救……他在医院里面……让我在外边等他。"

彦把事情说完了就好了不少。瑾拍拍她，说"别怕""我陪你"等，然后取出一袋纸巾："别哭了。女人哭起来一点也不好看，梨花带雨是骗人的。看你把星星都给哭没了，吓倒了花花草草也不好。再说，我这套衣服很贵呦，沾满了你的鼻涕眼泪估计没法穿了。"彦赖在瑾的胳膊上不肯抬头。后来说起这事瑾就让彦赔衣服。

瑾也半夜打电话骚扰过彦。那时她陷入情感的困境，无人知晓，连彦也不知道。一个伤心的人在失眠的夜里很容易生出绝望的念头。瑾一个人坐着，哭都哭不出来，她想如果不给自己一个出口，自己会疯掉的。于是打电话给彦。听到彦声音的刹那瑾泪如泉涌，说不出话。彦在电话那端听着瑾哭，等瑾渐渐平息下来，然后问："要我过去吗？"

瑾说："不要。""那我明天去看你。"放下电话，瑾觉得自己虚弱之极，连伤心的力气也没有，还好，这个世界上还有肯倾听她哭泣的人。

风暴只是暂时的，在大多数风平浪静的日子里，她们依然一起逛街，一起美容，一起发呆，消磨一个又一个周末的下午。

有时会聊起友谊的话题。"我不信有什么永恒的情感，不是对世界灰心，而是自己就没信心做到。时间啊、空间啊、人啊，都是会变的。"瑾说。

彦晃着手里的可乐杯，白瑾一眼："重色轻友？我也会啊。我们俩都是女的，互相看着顺眼，顶多算狐朋，没想过天长地久。"

她们一致认为，对女人来说，女性朋友没有男朋友重要。女性朋友是创可贴，缓解一下伤情，暂时起点作用还成，解决不了大问题。男朋友才是解药，所以一定要重色轻友，不能稀里糊涂把感情资源浪费了。不过女朋友需要常预备着，以免想用的时候找不到。

去年冬天，瑾告诉彦她要离开冰城到北京，彦笑嘻嘻地说："走吧走吧，早就知道你这人靠不住。"

临走前一天，彦一直陪着瑾，帮着收拾行李，买一些零碎东西。一切打理妥当后，她们去老地方喝咖啡。两人坐在靠窗的沙发上，看着窗外在寒风中瑟瑟来去的人们发呆，有一搭没一搭地聊。

"走了就不想再回来了吧？"彦问。

"嗯，除非混不下去。"

"也好，冰城真没什么好留恋的。"

"除了你，"瑾说，"唉，以后没人和我一起消磨时间了。"

"可以再找啊。"

"那也不如你。你用着多顺手，要不你跟我一起走吧。"瑾气彦。

"好啊，把我家那位一起带上。"彦笑嘻嘻地说。

到了该告别的地方，彦冲着瑾笑："你看我多有先见之明，今天没戴隐形眼镜。"瑾看到泪水从彦的眼睛里一股一股涌出来，满脸都是。"明天我不去送你了，否则你又要说我哭得很难看，你好好的走吧。"彦一边哭一边很快转身走掉了，瑾看见彦走一段路就摘下眼镜擦一下。

瑾一路上都怔怔地，回到家发给彦一条短信：马上洗脸，别忘了多涂点护肤品，否则会破裂。一种叫伤感的情绪袭击了瑾。

隔了千里，不能一起逛街了，两人开始频繁发短信。

比如："胖了没有？严禁囤积脂肪！""干吗呢你？别以为我想你了，我的手闲着没事敲字玩。""加快速度寻找另一半，尽量少用'创可贴'。"

闺中密友是每一个女性必不可少的朋友，无论悲也好喜也好，她都会默默地与你同喜共悲，时刻关注着你。

虽然都说闺中密友的作用看上去像创可贴，但你却不可以真把她当创可贴，有事时用一下，没事时扔在一边。如果是这样，你迟早会失去这位朋友。只有在平时注意维护友谊，你才能享受到友谊给你带来的轻松和快乐。

女人要有一个蓝颜知己

身为女人，在生活中不但需要有要好的女朋友，也需要有一个真正坦诚的男朋友。这个男朋友，他会真正地关心你，会在你失意时给你振作的勇气。

他会在你得意时提醒你要正视自己，在你遇到生活的难题、工作的压力时，他会认真地帮你分析，帮助你走出生活的低谷。他对你应该是无欲无求的。你们的交往如哥们一样的自然、坦荡，而不夹杂任何暧昧的气息。

生活中，因为世事纷扰，无论你是驰骋职场的白领丽人，还是相夫教子的家庭主妇，女人都需要有这样一个人，在烦恼时，听你诉说心曲；在开心时，和你分享快乐；在失意时，鼓励你振作……

这个人会是谁呢？是老公吗？他可能爱你但却不一定懂你。是闺密吗？她可能懂你但不一定能包容你。这个人就是我们所说的蓝颜知己。

32岁的暮春女士是一名自由撰稿人，讲起蓝颜知己，她这样说："老钟是我的发小，我认识他比认识我老公要早20年。我们曾住在同一条弄堂里，穿着开裆裤一起长大。

青梅竹马的时候，他暗恋的对象不是我，是我的小姐妹，我替他传过纸条，暗送过秋波，他伤心欲绝时也替他出过谋划过策。当我们都成了大龄青年时，长辈瞅着两个人一直走得比较近乎，也动过脑筋要肥水不流外人田地进行撮合，可惜他无心我无意，反倒是弄得大家感觉怪兮兮的。

再后来，两人都彼此成了家，对于同是独生子女的我们来说，相互间的感情变得亦亲亦友起来。我们不常见面，但常网上和电话里联络，老钟会时常跟我贫贫嘴，给我些持家理财方面的建议，也会在我和先生争吵的时候主持公道。

我在无助的时候会想到他，而且我知道他一定会毫不犹豫地拔刀相助。我对他有种家人、亲友般的依赖感，但这种依赖感同'爱情''占有''暧昧''欲望'等字眼毫无关系，更多的只是一种精神上的守望相助吧。我现在想一下老钟，也许可以用'温暖'两个字来形容此时心里的感觉吧。"

每个人的内心都有一个属于自己的角落，那里可能是儿时没有实现的梦想，也可能是生活中无时不在的困扰……而你的蓝颜知己才能真正地走进你的内心，解读你的失意，明白你的困惑，更懂得你的渴望。

是的，一个蓝颜知己给你的感觉就是温暖。如果女人能拥有一个蓝颜知己，真是一种莫大的幸福。但是，要想长久地拥有他，就得善于把握与之相处的分寸。

秋秋从小在部队大院长大，这样的环境让她特别单纯。读书的时候没敢谈朋友，工作后，便在家人的介绍下认识了现在的老公。秋秋的老公是一个难得的好男人，不抽烟，不喝酒，不打牌，还有一份旱涝保收的稳定工作。

秋秋是一个对自己要求比较高的人，这些年来，她的事业也发展得很不错。相对秋秋来说，老公非常顾家，不仅包揽了家中的所有家务，还照顾小孩的学习和生活。小孩从出生起都是老公手把手带大的。

现在，小孩已经读小学二年级了，她非常出色，是秋秋和老公的骄傲。在外人看来，秋秋已经够幸福了，但是，她总觉得生活还缺点什么。

老公虽然能将她的衣食住行照顾得无微不至，却不能和她进行精神层面的交流。每当秋秋在工作中遇到了问题，想从老公那里得到一些建议的时候，他只会说不要太在意。每当秋秋想制造一点浪漫，和老公谈谈风月的时候，他的家长里短柴米油盐总会让秋秋兴趣索然。对老公，秋秋有亲情、温情，唯独没有爱情。

认识大伟是在十年前，他是一个政府部门的负责人。当时，一个亲戚找秋秋帮忙办事，她又通过朋友找到了大伟。大伟很尽心地帮了她们。最后，秋秋登门道谢，临走时，她将一个装了1000元钱的信封偷偷地留在了他家的茶几上。

秋秋刚走到楼下，大伟就穿着拖鞋追了出来。他一把拉住秋秋，将信封塞到她手里，非让她收回。秋秋不肯，大伟便半开玩笑半认真地说："你这是行贿咧！"最后，秋秋没有办法，只好收回信封，并约他吃饭。

一来二去，秋秋与大伟便熟稔了。在秋秋眼里，大伟是一个正直、精明、有头脑、有深度的男人。渐渐地，无论遇到什么问题，秋秋都喜欢跟他讲。而每次大伟都能给她一些中肯的建议。如果说老公是秋秋生活上的坚实后盾，那大伟就是她精神上的良师益友，是她的蓝颜知己。

相识的十年，他们一直保持着很好的距离，平时仅止于通个电话，或者约着出来吃吃饭喝喝茶聊聊天。然而，平衡总有被打破的一天。

有一天晚上，大伟约秋秋吃饭。那天，他的心情很不好，给秋秋讲了很多事情。原来，他在事业上遇到了很大的挫折，这次本来有机会升迁的，却受到了排挤。他已经40好几了，这可能是他最后一次机会。

说到伤心处，大伟竟然垂下头，压抑地抽泣起来。秋秋看着这个曾经意气风发的男人，如今却被生活压迫得如此狼狈，他头顶上的几根白发刺得她的眼睛生疼，她的心像被揪住了一样地疼，竟也落下泪来。秋秋伸出手，紧紧地握住他颤抖的手。那晚，他们都没有回家。

第二天早上，秋秋凝视着身边的这个男人，才发现自己竟是如此地爱他。然而，从大伟睁开眼睛看秋秋的第一眼，他的目光就一直躲闪着秋秋。两人分别后，秋秋再给他打电话，电话那边，他总是显得非常繁忙，说不了两句话就挂机。

那之后，秋秋可以明显地感觉到大伟在躲着自己，也可以很清晰地感觉到他在接自己电话时的惊慌失措，而且这种惊恐与日俱增。其实，秋秋并没有想要大伟负责，也没有想过放弃深爱自己的丈夫和乖巧懂事的女儿和他结婚，她只是想和他回到从前，可是很显然，他们不但回不到从前，而且连朋友也做不成了。

蓝颜知己是女人生命中的财富，人生能遇到这样的朋友真的很不容易，是值得我们去一辈子好好珍惜的。但男女交往，日久生情的事非常多，这就需要你把握好度，才会有真正的友谊。

"做朋友得一生，做情人只得一时"。保持距离地和他相处，才会永远拥有这个知己、这个朋友！

做一个热心肠的女人

许多古圣先贤一再告诉我们，帮助他人不要图报答，因为一次性报答过了，也就失去了帮助人的意义，也不是当初帮人时的初衷。我们得到过许多人的帮助和支持，其恩德是难以用礼品来报答的。

有这样一句话："帮助人是一种缘分。"她的意思中蕴涵着更深一层的理解：人际间的缘分都是共有的，没有你我之分，你中有我，我中有你。我帮了你，你帮了他，他又帮了我。当有人需要你帮一把时，你能搭把手帮一把就是一种回报，就是一种社会共有的缘分。

一个人能力虽然不大，但只要肯帮助别人，他将受到人们广泛的欢迎。

结人真诚，心灵相通，因为爱不遮掩的人才能赢得对方的信任，才能沟通下去。因为一旦对方发现自己是被你利用的工具，即使你对他再好，也只能引起他对你的敌意，并拒绝和你继续保持关系。

所以，要获得真正成功的人际关系，就只能用爱心去和别人推心置腹地打交道。在这种情况下，你再去帮助他、他才会感到人间处处是美好。

对别人的帮助，要落到具体的行动上，不要只停留在口头上。帮助有两种可能，一种可能是随便帮帮，帮到为止；一种可能是一帮到底，做足人情。

第一种帮助不能说它不是帮助，因为它也能给人带来某种好处，但随便帮帮的帮助不是，真正的帮助，因为这种随便的帮助在关键的时候总是不管用。第二种帮助才是真正的帮助，它能帮人彻底解决实际困难。我们时常用"两肋插刀"来形容朋友之间深刻的情义。也就是说，只有共患难的人是朋友？

为什么呢？生张熟李的人，人缘看起来挺不错，新朋友一个接一个。但是真正需要帮忙的时候，只怕一个可依赖的朋友也没有。梅干也是一样，别的食物都要新鲜，唯有梅干却是愈久愈甘醇。

梅干起初也是新鲜的果子，经过一番时日的酝酿，才制成后来的美味。朋友自然也是由生而熟，在长时间的交往中，各种不同的思想见解，经由交流和冲突，而获致融洽。两个不同的东西，要完全融合，需要时间，时间是最好的考验。只有在面临变故的时候，能够共患难的知己，我们才称之为朋友。

　　当然，光有颗火热的爱心还不够，还要懂得帮助人的技巧。在具体的情景下，当你想帮助某个人时，你要注意具体方法，如何帮助他，才能使他真正得到你的帮助。

　　有一位残疾人坐在三轮车上上坡，但因坡度较大，他费了很大的劲也没上去。好心的你走上前，想帮助他，告诉他该怎样用力。你不知道，他此时最需要的，是你从后面推他一把，让他顺利通过这段路。

　　我曾这是一则感人的故事：

　　　　罗斯是位单身女子，住在华盛顿的一个闹市区。有一次，罗斯搬一只大箱子回家，因为电梯坏了，她只得自己扛着箱子上十二层楼。

　　　　彼得是一个平时没事就在大街上闲逛，偶尔还闯点祸的人，这次他看到罗斯累得汗流满面，于是想上去帮助罗斯。罗斯并不相信彼得，以为他图谋不轨。

　　　　彼得十分困惑，他花费了许多唇舌，想说明他的善良用心，却无济于事。罗斯拒绝了彼得，她将箱子从一层搬到二层后，就再也没有力气了，需不需要彼得的援手呢？罗斯感到矛盾极了。最终，还是在彼得的帮助下，箱子被搬上了十二层。

　　　　为了表示自己的真诚用意，彼得只将箱子搬到罗斯的家门口，坚持不进去。后来，罗斯和彼得交上了朋友，一年后，双双步上了红地毯。

　　爱心也需要一颗平常的心，绝不能凭感情用事。也不要这也帮那也帮，不高兴的时候就谁都不帮。做一件好事并不难，难的是一辈子做好事，不做坏事。

　　这种境界，是很难达到的。现代社会，在金钱的冲击下，很多人的一举一动都在考虑着自己的利益，不说帮助别人，坚持不懈地帮助别人更是侈谈，这也是社会为什么呼唤雷锋精神的真正原因。

　　助人要真诚，千万别有居心，三心二意。帮助时应注意：不要使对方觉得接受你的帮助是一种负担；帮助要做到自然得体，也就是说在当时对方或许无法强烈地感受到，但是日子越久越体会到你对他的关心，能够做到这一点是最理想的。

　　帮人忙时要高高兴兴，不可以心不甘、情不愿的。如果你在帮忙的时候，觉得很勉强，意识里存在着"这是为对方而做"的观念。假如对方对你的帮助毫无反应，你一定大为生气，认为，我这样辛苦地帮你，你还不知感激，太不识好歹了！如此态度甚至想法不要表现。

　　如果对方也是一个能为别人考虑的人，你为他帮忙的各种好处，绝不会像泼出去的水，难以回收，他一定会用别的方式来回报你。对于这种知恩图报的人，应该经常给他些帮助。

　　总之，人都是有感情的，彼此的互助互爱才会使这个世界更美丽。忽视了感情的交流，会让人兴味索然，彼此的交情也维持不了多长时间。

　　聪明的女人，总会把事处理的完美无缺。在助人上，帮人也能帮到点子上。

帮助他人是为自己铺路

　　我们或许给予别人的只是一点小小的帮助，但在他人眼里，却无异于天降甘露，甜美万分。他们会将这份恩惠牢牢铭记于心，在我们需要时，以数倍甚至数百倍的回报回馈给我们。

　　人活于世，不可能不有求于人，也不可能没有助人之时。我们帮助别人，其实也是在帮助自己。在人落入危难和困窘之时，也正是人心灵最脆弱的时候，如果此时你能急人所急，给人所需，你的朋友一定会永远把这份恩情记在心里，将来有一天能报答你的时候，定会涌泉相报。

　　曾经有一个贫穷的小男孩，他为了攒够学费去上学便去挨家挨户地推销商品，他劳累了一整天，感到十分饥饿，但摸遍全身，却只有一角钱。怎么办呢？他决定向下一户人家讨口饭吃。但当一位美丽的年轻女子打开房门的时候，这个小男孩却有点不知所措了，他没有要饭，只祈求给他一口水喝。

　　这位女子看到他很饥饿的样子，就拿了一大杯牛奶给他。男孩慢慢地喝完牛奶，问道："我应该为你付多少钱呢？"

　　年轻女子回答说："一分钱也不用付。妈妈跟我说，施以爱心，不图回报。"

　　男孩说："那么，就请接受我由衷的感谢吧！"说完男孩离开了这户人家。此时，他不仅感到自己浑身都是劲儿，而且还看到上帝正朝他点头微笑呢，那种男子汉的豪气也像山洪一样迸发出来。其实，男孩本来是打算要退学的。

过了很多年，那位年轻女子得了一种十分少见的重病，当地的医生对这种病束手无策。最后，她被转到一个大城市去医治，并由专家来会诊治疗。

而大名鼎鼎的霍华德·凯利医生也就是当年那个小男孩，他也参与了医治方案的制订。当他看到病例上所写的病人的来历时，有一个奇怪的念头霎时间闪过他的脑海，他马上起身直奔病房。

来到病房，凯利医生一眼就看出床上躺着的病人正是那位曾帮助过他的恩人。他回到自己的办公室，决心一定要竭尽所能来帮助恩人把病治好。

从那天开始，他就特别地关照这位病人。经过艰辛的努力，手术终于成功了。凯利医生要求把医药费通知单送到他那里，在通知单的旁边，他签了字。

当这张医药费通知单送到这位特殊的病人手上时，她不敢看，因为她确信，治病的费用将会花去她的全部家当。但最后，她还是鼓足勇气，翻开了医药费通知单，旁边的那行小字引起了她的注意，她禁不住轻声读了出来：

"医药费，一满杯牛奶。霍华德·凯利医生"

这个年轻女子的举手之劳，却换来了曾经贫穷无助的霍华德医生一生的感激，她在给当年那个男孩一杯牛奶时，也许她永远不会想到，当年的男孩会给她如此昂贵的报答。

我们平常所说的"好人有好报"便是这个道理。"朋友多了路好走""在家靠父母，出外靠朋友"，朋友所包含的要义中本就应该有互相帮助。

"海内存知己，天涯若比邻"，只要我们愿意，任何人都可能成为我们的朋友。在别人需要的时候拉别人一把，在平日里多给别人以关怀，在别人得到幸福的时候，自己也能够得到幸福。

朋友之间的互相帮助对于每一个人来说也是很重要的，无论在事业上、感情上还是学业上，有了朋友的帮助会让你人生的道路通畅许多。小到朋友对你感情上的安慰，繁忙的时候，为你打好地饭菜，心伤的时候在你身旁为你排忧解难。

朋友，是你人生中一笔巨大的财富，是关键时刻可以依靠的大树。而人的付出和回报都是相应的，今天你不惜一切帮助朋友，在你明天遇到困难时，朋友才会伸出友爱之手，成为你可以依靠的大树。

与朋友保持应有的距离

距离是情感的添加剂，距离的存在能给人以美的享受。身为女人，一定要注意培养自己拉开一定距离看他人的习惯，同时也不要时时刻刻把自己的透明度设置为百分之百。"雾里看花"才能有美的意境，才能享受到交往带来的好处。

人际交往中，两个人就如两条铁轨，平行着才能走远。一个人如果将自己的心扉完全敞开，往往容易伤风着凉。将内心的隐秘昭示于恶人，会成为他手上的把柄；昭示于善人，会成为他精神上的负担，因为他要为你恪尽守口如瓶的责任。所以，一个成熟的女人是不会自找麻烦，也不会让别人为难的。

> 　　有一个女人在单位掌握着一点小权，围在她身边的"朋友"也不少，她为人也很随和，对她那些所谓的"金兰姐妹"无所不谈，她认为"朋友"之间就应该坦诚相待，而不应该有所保留，于是她在她的那帮"朋友"和"姐妹"面前自然也就没了隐私。
> 　　后来，单位派她出国考察了一段时间，于是有人恶意传言说她不会回来了。这时，她的一位最为"知心"的朋友为了讨好领导，向领导讲了她的不少坏话。
> 　　哪知过了一些时日，她却不声不响地从国外回来了，并且还在原来的位子上掌权。于是她就目睹了一次极为精彩的表演：那位朋友不仅毫无愧色，而且还要为她这位"知己"接风洗尘。她对人感叹道："朋友，能让人相信吗？"

其实，这样的事情在我们身边并不少见，这些人的错误不在于她过分相信朋友，而在于她和朋友之间没有保持应有的距离。朋友之间以诚相待没错，但这并不意味着朋友之间就应该毫无保留，没有一点隐私。

都说距离产生美，一个女人如果不懂得与朋友之间保持应有的距离，无形中就会为自己的人际关系种下祸根，破坏辛辛苦苦织就的人际网。

　　小霞是露露大学的校友。比露露早两年进公司，因为部里就她们两个年轻人，又是校友，她一直很照顾露露。平常有项目她经常带露露一起做，让露露积累经验并教了她许多应付难缠客人的技艺。

　　仅三年，露露就做到了经理助理的职位，成了部里升职最快的新人。就在露露庆幸自己运气好，遇到这样一个肯提拔新人的师姐时，露露却收到了小霞送到的意外之"礼"。

　　那次露露和小霞共同负责筹办一个美国客户在北京的产品发布会。因为事前对客户提供的新产品资料做了详细了解，露露提出的方案得到美方客户的赞赏并被采纳。露露虽然隐隐感觉到小霞的尴尬与不悦，但还是安慰自己："师姐是个好人，她应该能理解。"

　　当晚，就发布会的细节问题她们又和客户谈了很久。因时间紧迫，客户要求露露连夜随他们去酒店布置会场。当听到自己不在布置会场人员之列，小霞的脸色当时就变了。

　　不过到底是多年的"好姐妹"，在发现露露手机没电四处找电话通知男友时，她又恢复了当大姐姐的姿态，主动说："快去吧，你男朋友那里我帮你通知吧。"甚至在露露临走前，她还满脸堆笑、关心体贴地叮嘱露露多加件衣服出去。

　　天真的露露着实为有这样一个情深义重的"好姐妹"感动了一番，直到看见男朋友黑着一张脸、气急败坏地冲进酒店将露露大骂一通时，露露才明白那笑容背后的含义。

　　原来在露露走后，小霞打电话到她家，紧张兮兮地问："露露在吗？我们都很担心她啊！听同事们说她晚上跟个美

国客户进了酒店，怎么直到现在她还没有回来呀？"于是乎
就出现了这出"闹剧"。

　　露露跟客户去酒店彻夜不归，引起男朋友与客户争风吃
醋，两人在酒店大打出手的谣言在办公室盛传了一个多月后
才渐渐平息。虽然事后大家明白了事情的真相，但这则故事
却被不定期地当作花边新闻，成为同事们无聊时的谈资。

　　俗话说，人就像冬天的刺猬，太近了刺人，远了又觉得孤独和寒冷。
"在亲密无间中保持距离。"这也许是对距离最好地诠释了。保持距
离感绝不是设置心灵上的屏障或戒备防线，物理距离也罢，心理距离
也罢，绝不是感情距离。

　　"距离"没有固定的数字，它因人、因场合而异，掌握了距离这
一门学问，我们就学会了尊重和被尊重，就能更好地处理人与人之间
的关系。

把你的对手变为朋友

　　聪明的女人要懂得用宽容的心去对待每一个人，把你的对手变成
你的朋友，毕竟在这个世界上能助你一臂之力的不是敌人，而是朋友。

　　在生活中，当你树立了一个敌人的时候，你所得的将不只是一个
敌人，你在精神上所受到的威胁，将十倍百倍于他实际上给你的威胁。
而当你用高尚的人格感动了一个敌人，使他成为你的朋友的时候，你
所得到的也将不只是一个朋友，你在精神上所感受的欢乐和轻松，也

将十倍百倍于他实际上所给你的。

有一个女人在自家的院子里养了十多只兔子，而她的邻居在院子里养了一只凶猛的狗，这只狗经常会跳过栅栏袭击女人院子里的兔子。

女人几次请邻居把狗关好，但邻居不以为然，口头上答应，可没过几天，她家的狗又跳进隔壁的院子横冲直撞，咬伤了好几只兔子。

忍无可忍的她找镇上的法官评理。听了她的控诉，明理的法官说："我可以处罚那个养狗的人，也可以发布法令让她把狗锁起来。但这样一来你就失去了一个朋友，多了一个敌人。你是愿意和敌人做邻居呢，还是和朋友做邻居？"

"当然是和朋友做邻居。"女人说。

"那好，我给你出个主意，按我说的去做，不但可以保证你的兔子不再受骚扰，还会为你赢得一个友好的邻居。"法官如此这般交代一番，女人连连称是。

回到家，女人就按法官说的挑选了3只最可爱的小兔子送给邻居的3个儿子。看到洁白温顺的小兔子，孩子们如获至宝，每天放学都要在院子里和小兔子玩耍嬉戏。因为怕狗伤害到儿子们的小兔，邻居做了个大铁笼，把狗结结实实地锁了起来。从此，女人的兔子再也没有受到骚扰。

为了答谢女人的好意，邻居开始送各种吃的给她，女人也不时回赠邻居。渐渐地两人就成了好朋友。

当我们以一颗善良宽容的心来面对对手时，人与人之间就会变得更加和谐，更加亲切。我们自身也会因为这种心理而变得愉快和健康起来。

英格丽·褒曼在获得了两届奥斯卡最佳女主角金奖后，又因在《东方快车谋杀案》中的精湛演技获得最佳女配角奖。

然而她领奖时一再称赞与她角逐最佳女配角奖的对手弗伦汀娜·克蒂斯，认为获奖的应该是这位落选者，并由衷地说："原谅我，费伦汀娜，我事先并没有打算获奖。"

褒曼作为获奖者没有喋喋不休地叙述自己的成就与辉煌，而是对自己的对手推崇备至，极力维护了落选对手的面子。无论对手是谁，都会感激褒曼，会认定她是值得倾心相交的朋友。

一个人能在获得荣誉的时刻如此善待竞争对手，如此与伙伴贴心，实在是一种文明典雅的风度。

为了维护良好的人际关系，你的一言一行都要为对方，不论是朋友还是对手的感受着想，学会安抚对方的心灵，不使对方产生相形见绌的感觉。与此同时，自己的心灵也会因此安然自得，有一个极好的心情。

郭晶晶与吴敏霞的关系很特殊，两人既是三米板上的战友，同时又是单项上的对手，这使得她们相互之间的关系被外界称为"亦敌亦友"。不过对于这种关系，两人直言："我们是好姐妹。"

对于郭晶晶，吴敏霞是敬佩有加。

她不仅一直叫郭晶晶为"郭姐"，而且在生活中，她也的确把郭晶晶当姐姐看。在她看来，郭晶晶是学习的榜样。"我和她的水平和技术应该说很早之前就已经在一个水平线上了。但是郭姐参加的比赛比我多，积累了相当的经验，这是她能够战胜我的很重要的原因。"

尽管几次战胜郭晶晶，吴敏霞也没有认为自己已经完全超越郭晶晶，"吴敏霞还是吴敏霞，郭晶晶还是郭晶晶，并不能因为我这次赢了就变成了郭晶晶。"当年，为了和郭晶晶配对，吴敏霞的动作技术作了调整，甚至连头发的长度、颜色都刻意和郭晶晶保持相似。

对于郭晶晶来说，吴敏霞是小妹妹，所以她对吴敏霞的评价从来都很直接，不拐弯抹角。世界杯跳水赛，吴敏霞夺冠，郭晶晶当时的评价是："她今天跳得特别好，简直神了。"虽然外界对两人的关系有各种各样的说法，但郭晶晶却并不在意："外界怎么说都改变不了我们的关系，我们始终是好姐妹。"

女人们在面对对手的时候往往容易陷入个人的狭隘主义，心生嫉妒，暗自竞争，少一份坦然、坦诚的欣赏和包容。郭晶晶和吴敏霞从狭隘的角度看可以说是一对竞争对手，但是如果把心放宽，她们就是天衣无缝的合作伙伴。

在人际交往中，聪明的女人不是给自己制造障碍，而是善于借力而行，把对手变成朋友。

投资感情收获人情

朋友之间要真诚相对，但这个世界上莫逆之交非常少，大部分的朋友不可能深交，与他们之间的情谊是要用人情来保持的。如果没有了这个人情因素，你们之间的关系就会淡漠，甚至最后消失。

在朋友出现困难的时候，聪明的女人总是能够主动送"货"上门，把人情送给正需要她的朋友，这样不仅使朋友对她感恩戴德，也拉近了与朋友的距离。

在《史记》里有一个脍炙人口的小故事：

战国时期的名将吴起以爱兵如子而闻名于世。一个士兵作战时受了伤，吴起竟然用嘴帮他吸吮脓水。士兵的母亲听闻后号啕大哭。原来，她的丈夫也曾被吴起这样爱护过，结果为其舍生忘死，最后战死沙场。

寡母知道儿子也会感恩图报，英勇作战，不禁为他的性命担忧不已。一将功成万骨枯，吴起用自己的温情换来了士兵们的誓死效忠和英勇作战，也换来了享不尽的荣华富贵。

后人读《史记》时，把这个故事作为"感情投资"的经典范例。其实同样的道理也适用于女性交际中。在生活中，很多女性平时不注意感情投资，一旦需要别人帮助的时候才去四处求人，而结果往往就是求助无门。

而聪明的女人则会在平时就注意人脉的培养，因为她们知道通过"投资"朋友的感情会让友谊深厚而广泛，终将得到丰厚的回报。

　　有一天，何女士发现公司电脑遭黑客攻击，新季度的项目计划被"偷"走了。经过调查，确信是被同行业的李小姐窃取了，那可是自己辛辛苦苦两个月的心血啊，而且李小姐以前和自己有过交往。她为此愤怒不已，发誓要让李小姐接受应有的惩罚。

　　但是，何女士很快就冷静下来了，她开始思考："她为什么会这么做？在印象中，她一直是个有信誉的人啊！"于是，她决定先和李小姐谈谈，然后再决定该怎么办。

　　两人约好在咖啡厅见面，面对何女士手里的证据，李小姐道出了实情：原来，公司一直拿不出好的项目，即将面临破产。

　　为了保住公司，保住员工利益，她只好铤而走险，昧着良心窃走了何女士的资料。李小姐痛哭流涕地求何女士千万不要告发她，何女士宽宏大量地原谅了她。

　　在李小姐生日的时候，何女士还特意送去了亲手制作的卡片，渐渐两人成为生意场上令人羡慕的好姐妹。

人情是一种抽象的东西，它不像金钱那样可以用多少来计算。但是，人情有些时候比金钱更重要。有些人会不惜金钱来做足人情，从而获得了更大的回报。

　　某公司董事长程女士就是一个懂得用小恩小惠来拉拢人心的管理者。她的公司有一个司机经常胃痛，程女士知道之后就嘱咐他多注意饮食。而每次公司让他出车时，程女士都要他带上一包饼干，怕他半路上因饿而又把胃病给激发了。

　　程女士在公司总是笑脸迎人，偶尔看到职员手头紧，吃得差，便"骂"他们几句，还会自掏腰包让他们出去吃点好的。由于公司午餐大家不太爱吃，所以程女士干脆专门派个人去饭店里点菜带上来，大家一起在会议室里聚餐。

　　遇到因为忙于发货而耽误了吃饭时，程女士都会请职员们客，额外还给他们一些补贴。程女士的点滴真情让大家在公司的氛围非常融洽，员工们都尽心尽力为她办事，公司的效益也是节节升高。

　　聪明的女人会注重感情投资，她们明白感情投资也许不会立竿见影，但也绝对不会吃亏。感情投资不需要金钱，但其效果却远比金钱的作用大。这种感情上的投资有助于建立起相互信赖的人际关系，对自己今后事业的发展有着极大的促进作用。

　　任何人都是有感情的，人与人之间的感情在我们的生命中占有不可替代的位置，它甚至能够改变我们的人生轨迹。所以，我们大可以抓住每个人感情的脉络，付出我们的点滴真情，让对方铭感于心。

第四章
有气质的女人，美丽每一天

美丽是女人魅力的重要组成部分，当一个肌肤吹弹可破、妆容精细雅致、头发乌黑亮丽、身姿仪态万千，服饰端庄得体的女人向你款款走来时，相信谁也不会拒绝欣赏这样一个美丽尤物。

美丽是一种境界，也是女人珍贵的资本，一个美丽的女人往往比别人容易获得成功。所以，女人一定要趁着青春尚在，让自己美丽每一天。

让美丽在秀发上闪耀

五官的俏丽常常在靓丽柔美的秀发中完美地表现出来。可以说美丽的秀发能使一个相貌平平的女性增添许多风韵，能使美丽的女性变得更加迷人。

滋润的心态和滋润的生活方式是每一个女性所向往的。因为滋润的女人是美丽的，滋润的女人不仅柔和细腻，并且充满灵性的气质和魅力也会让她在生活中游刃有余，给人带来美好的享受。因为滋润的女人既有涓涓细流的温文尔雅，又有惊涛骇浪的磅礴气势，在生活的浪花里自在优游。

给自己一个滋润的生活，无疑已经成为现代都市女性的口号。滋润的生活方式可以从女人整体形象表现出来。无论是炎夏过后，还是在秋意渐起的季节中，女人缱绻的身体、盈盈的心田，都需要更多的呵护和滋润。滋润不仅表现在皮肤上，也表现在头发上。美发是使女容鲜亮的重要特征之一。

美发的第一道工序，是先要女性学会去保持头发健康度。头发所需的营养，其实跟身体、皮肤是一样的。一般来说，一个人头发浓密有光泽，皮肤一定晶莹有弹性，身体也必然少病痛。依照护发师经验，要保持头发的健康度，就应该做到以下三点：

第一，防止脱发。一是经常梳头：每天早上梳头 100 下，不但能够刺激毛囊，而且可以使发隙的通风良好，防止脱发。

二是变换发线：很多女性长年累月地保持着不变的发线，其实这样会造成发线部位因长期太阳照射而变得干燥，导致头发稀疏。所以，经常变换发线也是防止脱发的一个简单易行的方法。

第二，防止头屑。头发上存在着大量的微生物，如果微生物数量过多，影响了头皮的正常脱落周期，就会产生头屑。要防止头屑的产生，必须做到：

一是适时洗发：按周期适时洗发可洗去头发上多余的油脂，这是控制头屑产生的最根本也是最有效的方法之一。

二是选用洗发水：有头屑的人要特别注意洗发水的选用，一般来说需选用性质温和的洗发水，如果头屑特别严重，建议选用品质优良的抗头屑洗发水。

三是按摩头皮：按摩头发对防止头屑产生是很有效的，你应该经常用指腹轻轻按摩头皮，这样可加速血液循环，减少头屑产生。

第三，提高光泽度。导致头发干枯，没有光泽度的原因很多，如营养不良、遗传因素、化学物质的伤害、日晒、长期吸烟、睡眠不足等，所以，你需要在日常生活中养成良好的生活习惯，维护头发的健康度。

如果你的头发真的没有光泽，你也要在需要的场合选用一些可增加头发光泽的美发用品，如亮发水等。当你这样做了之后，神采和活力就会出现在你的脸上。

美发的第二道工序是找到适合自己的发型。修剪头发的原则是与体态美相称、和谐，合于比例。

相称主要是指发型与职业、身份、性格等因素相适合，比例是说一个人的发型不可忽视与身高和身材的协调，和谐则是指与脸形、年龄相匹配。即做到美发是美容的一个能动的组成部分，既不游离于整体美之外，也不凌驾于整体美之上。

首先，要定期护理。有了称心如意的发型和发色，你还须考虑定期修剪和补染头发等护理问题，很多人往往忽略了这一点，使得头发的品质打了折扣。事实上，头发的维护性护理往往更加值得注意。

其次，定期修剪。头发长到一定长度后，如果不及时修剪，会引起头皮油脂代谢紊乱，而且容易出现头发分叉，影响头发的健美。定期修剪头发，不仅可以停止头发分叉的状况，还可以令头发看来柔滑光泽。

同时，无论当初多么令你满意的发型，在经过一段时间后都会产生变化。所以，如果你想使你的头发一直处于最佳状态，定期修剪是必需的。

最后，定期补染。在头发正常的生长速度下，一般4至6周就会长出1至2厘米的新发，此时新生的发根部分与其他部分颜色是不一样的，这就需要补染。而在补染时也要注意两点：

一是染后补染：头发的补染应像染发一样引起足够重视。补染既能巩固染发颜色，又能及时对头发补充营养。若不及时补染，头发的底色长期置于空气污染、阳光直射、空调等环境中，容易损伤发质，出现干枯、分叉等现象。

二是补染方法：补染方法大致与平时染发相同，不同之处在于，染剂与氧化剂混合之后，先涂抹在新生的发根部，停留时间宜在35分钟左右，然后将剩余的霜剂自发根向发梢均匀涂抹，停留较短时间。

眼睛是心灵的窗户

眼睛是心灵的窗户，在脸部占有重要的地位。在恋爱中，眼睛有时候比语言更能表达内心的想法。自然，男人也会以更多的精力来关注女人的眼睛。因此，女人的眼睛无疑是个应该重点呵护的部位。

眼睛是很脆弱的，我们必须给予它特殊的照顾。眼部保养则是女人美容中非常重要的一课。浮肿、眼袋、黑眼圈、细纹都足以让你对着镜子烦上半天。

保护双眼，不要以为现在你还不需要，其实现代工作生活的环境都非常不利于你的保养，比如说，在空调间里工作、长期面对计算机、戴隐形眼镜等。

第一，如何保养双眼。眼睛是全身最为娇嫩的一部分，眼周皮肤也最容易衰老、松弛。

一般来说，最先发生老化的是下眼角，其次是上眼角，所以，眼袋、黑眼圈、眼皮松弛往往与眼角皱纹相伴而生。所谓"预防胜于治疗"，对待皱纹也是如此。

一是眼霜使用。眼霜是眼部去皱卫士。女人从成年起就应该着手使用眼霜，给眼周肌肤特殊的关照，以延缓皱纹的出现。如果已经出现了眼角皱纹、眼袋、黑眼圈等，就要使用相应的抗衰老、抗眼袋等特殊功效眼霜。

一般说来，以 30 岁为分水岭，30 岁以前用滋润型眼霜，而 30 岁以后就需要特殊的保护。在涂抹眼霜时，注意用量不要过大，否则皮肤吸收不好，容易起脂肪粒。

二是眼部按摩。按摩是良好的眼部去皱运动。面部皮肤都是有一定纹理的，错误的按摩只会增加皮肤的皱纹，而正确的按摩手法则可促进肌肤对眼霜的吸收，从而预防和减少皱纹。应按内眼角、上眼皮、眼尾、下眼角的顺序轻轻按摩，直至肌肤完全吸收。在按摩过程中，轻压眼尾、下眼眶、眼球，你会感到格外舒服。

三是眼部护理。眼部需要日常家庭护理，除了天天使用眼霜外，30 岁以上的女性最好做做家庭特别护理。这一点儿也不麻烦，只需使用眼部贴片即可。

眼下，无论是名牌化妆品还是普通化妆品，都有眼部贴片产品，有的含有优质温泉水，有的含有特效中草药，都具有一定的对抗眼周皮肤衰老的功效。

眼部还需要专业护理。条件允许的话，你可以到美容院享受专业眼部护理。专业美容师们的特殊按摩手法，眼部精华素的导入，都可以让你的眼周肌肤美美地享受一番"高营养"。

四是护眼误区。养目护眼除了讲究方法，同时还要避免几个误区。

误区一：面霜可以代替眼霜。可能有很多人认为：眼霜和面霜是一回事，眼睛不过就是更细腻一些而已。这种观点是完全不对的，眼部皮肤和面部皮肤完全不同。

眼睛周围的皮肤角质层非常薄、皮脂腺分布很少；但它却又是一个人肌肤活动最频繁，也是化妆中最复杂的部位。眼部皮肤的结构决定了要使用完全不同于面霜的护肤品。

误区二：眼霜都一样。有很多女性也知道护眼的重要性，她们也去买眼霜。但是眼霜的挑选是很重要的，绝对不能到化妆品柜台随便挑一件质量包装、价格满意的就走。面对种类繁多的眼霜，要针对自己的眼部问题、年龄等个人情况而选择。所以，在购买之前，一定要仔细阅读说明，按需购买。

误区三：25 岁以后用眼霜。这是很多人甚至包括一些美容师都持有的一个观点，其实是错误的。

现在人们的生活习惯已经大大不同于以往，年轻人由于长时间看书、看电视、操作电脑，用眼过度，再加上现在环境污染严重、季节因素的影响，就使得年龄在 18 至 24 岁之间的年轻女孩儿稍不注意就容易让小鱼过早地爬上眼角，所以应该养成及早使用眼霜的习惯。

误区四：只在眼角使用眼霜。使用眼霜的正确方法是顺内眼角、上眼皮、眼尾、下眼皮做环形按摩，让肌肤完全吸收。有的人可能凭肉眼看到眼角的三道鱼尾纹，所以在使用眼霜的时候只在眼角做与皱纹垂直的按摩，而忽略了眼睛的其他部位。

但实际情况是，面部最早松弛老化的区域是眼睛下方和上眼皮，这个区域衰老没有鱼尾纹显眼，却更加脆弱。因此，眼霜一定要在整个眼部都用到。

第二，如何赶走眼角细纹。干燥冷冬，你会发现眼角细纹突然就多出来了。这是因为眼部周围的皮肤薄嫩、敏感，在缺水干燥的季节，很容易就产生可怕的皱纹。

一是选用合适的眼霜。眼部皮肤如此纤薄，所以在选用护理产品时要特别注意。一般应选用不含油性、含维生素 E 颗粒、天然植物萃取而成的眼部修护品。

这样才能避免刺激眼部周围皮肤，防止水分流失，让肌肤在细心的呵护下，变得娇嫩有弹力。

二是早晚护理。在干燥的季节，早晚护理眼部，变得尤为重要起来。早晨可选用柔和的啫喱和眼部凝露，以年轻活化你的肌肤；到了晚上，使用更有滋养成分的眼部精华液和眼霜，可使你的眼部细肤得到完好的休息与保养。

三是按摩眼部。按摩可以缓解眼部疲劳。除了使用护理产品之外，适度的按摩也可让肌肤得到应有的休息。工作中，可每隔 1 至 2 个小时将眼睛轻闭休息五分钟。将中指轻轻压在眼球上，沿着半球轮廓，缓缓按摩。

四是轻柔卸妆。眼部清洁也是关系到皮肤细致程度的重要因素。对眼部护理而言，卸妆的方法和步骤是非常关键的。必须选用柔和无刺激性的卸妆水，才能避免刺伤眼部周围皮肤。在卸妆时，动作一定要细致轻柔。

五是饮食养护。猪蹄、猪皮、猪肘、鸡皮、鱼头、鱼鳞汤等富含胶原蛋白的食物，能使细胞粘接得更紧密，从而减少细纹，令肌肤变得光滑富有弹性。

第三，如何快速祛除黑眼圈。下面是祛除黑眼圈的验方，可以一试。

马蹄莲藕渣敷眼：洗净马蹄莲藕，马蹄刮皮，然后将莲藕马蹄切碎。将材料放入榨汁机，再加 2 杯水搅拌。将水隔渣，然后敷眼 10 分钟。

土豆片敷眼：刮土豆皮，然后清洗，切厚片约 2 厘米。躺卧，将土豆片敷在眼上，等约 5 分钟，再用清水洗净。

苹果敷眼：将苹果切片。紧闭眼睛放上眼袋位置。等待 15 分钟。用湿了水的棉花球轻拭眼睛。

柿子敷眼：切开柿子，用匙羹挖出柿肉，拌均匀，敷上眼 10 分钟。用湿毛巾抹掉。

蜂粉、蜂王浆：蜂粉 1 茶匙加蜂王浆 1 花匙，混合后在黑眼圈位置薄薄的敷上一层。1 小时后以清水洗去。每天敷 1 次，1 星期见效。

粉出最美最自然的你

"嫩如冰肌雪骨，媚似粉腮桃红"，这样的美丽是何等的让人心动啊。可是，当你不得不面对镜子里面那张毛孔粗大的橘皮脸时，你又怎会不感到伤心呢？不过女人有粉底，这一份似有似无的美丽秘密，不能不让所有女性朋友们怦然心动。

化妆的最高境界是无法让人感觉到你化了妆。所谓的冰肌、明眸、朱唇、俏鼻……这样的美丽并不是每个人都能天生具备，但化妆高手的绝招就在于：她能为自己创造这样一种假象，而且让人感叹她有"天然去雕饰"的韵味。

此外，现在时尚的化妆技巧也并不流行浓妆。厚厚的粉、艳丽的口红、黑白分明的眉线，只会让人觉得这个女人是一个日本艺妓。所以，聪明的美人或者说聪明的彩妆师，越来越擅长创造那种若有似无、自然而且美丽至极的妆容。一个看上去漂亮的女人，出于自己内心的虚荣，当然也会希望别人感觉她的美貌是天生丽质，而不是靠化妆化出来的。

好妆容的第一步，是以粉底来营造完美的肤质。你可以根据自己的肤质、肤色，选择合适的底妆产品。粉底分霜型、液型和粉型三种，霜型含油的成分最多，适合于干燥性肌肤；粉型含油的成分最少，适合于油性肌肤；如果你是中性或过敏型肌肤，可选用轻柔滋润的液型粉底。

粉底产品可以分成粉底液、粉底霜、粉条、粉饼、定妆粉饼、散粉、蜜粉、饰底霜、遮瑕膏等等。其中，粉底液遮瑕的效果最差，但它清透自然，易于涂抹；粉底霜的遮瑕力强一些，质地也相对厚重；粉条使用简便，携带方便，还可以当作遮瑕膏使用，可是不大适合干燥的皮肤。

好粉底的粉质应该是薄而透明的。东方人的肤色偏黄，如果不化妆，肤色就显得不那么健康。为了遮盖而选择过于白或者过于红的粉底，都不是聪明的办法。

女人必须选择接近肤色而又较为明亮的粉底和口红，才能比较自然地改变脸上的气色。

效果完美的粉底能让肌肤散发出自然的光泽，并且会因为肌肤出油时在脸上产生的光泽感，而使别人看不出你化过妆，肤质才会显得通透、水嫩。

在购买粉底时，首先要清楚自己的肤质是干性还是油性。在涂抹粉底的时候，用无名指的力度最合适，鼻翼、嘴角及眼角等细小部位要用中指或无名指的指肚，采取轻轻叩打的方法。

如果把全脸都均匀地涂上一层厚厚的粉底，会令你的脸失去立体感，看起来呆滞刻板。所以，涂抹粉底时有必要提倡"非均匀涂抹"，即不需要把粉底厚薄一致地涂在脸上的每个部位，而是应在脸色比较暗沉的地方和有斑点的地方多涂一些，额头、鼻尖、下巴等部位则稍稍涂一点就足够了。

尤其要注意的是，在左颊、右颊、额头这三个区域之间的连接处涂抹一定要涂匀，感觉上是自然融合在一起的。

涂抹粉底之后，脸色看起来会略显苍白，因此，抹腮红的意义就显得很重要，它可以使你拥有健康、活力四射的好脸色，使双颊肌肤有向上提拉的感觉，从而使得整个脸部线条都会显得纤秀起来。用刷子沾上少许腮红后，先将腮红刷上的干粉轻轻抖落在手背上。再刷脸，确保刷在双颊的腮红分量恰当，而没有多余的粉末。

然后，由颧骨的顶端，用打圈的方法沿着面颊由上而下地刷。轻扫腮红时，如果想表现窄而长的效果，应打出长椭圆形的形状，这样可演绎出女人优雅而高贵的神态，以咖啡色和褐色系列的表现效果为最佳。

如果想打出宽而圆的效果，就从中心部位开始向外打一个圆形，这样的方法赋予脸颊以活泼的感觉，宜选用粉色或橙色系列。

裸妆的推崇者并非全然地排斥色彩，而是偏好无妆感的干净彩妆。拥有半透明肤质的粉嫩妆感为第一要素，最好是由内而外产生红晕般的气色，既能遮瑕，又显得清新自然。

红唇是女人最美的诱惑

女人的性感部位很多，而裸露于外的就是女人的双唇。所以说，双唇是女人面部最能表现性感的部位，因此，千万不能忽略了对双唇的装扮。

如果说眼睛是心灵的窗户，那么，女人的红唇就是让男人心荡神迷的门。女人的红唇是一杯窖酿的酒，是男人心中一个氤氲的梦境，是一道柔美迷离的风景，更是女人心中神圣不可侵犯的一片领空。女人的唇同样需要重点呵护。

第一，唇形的改变。女人的性感嘴唇往往会带来非同凡响的效果。比较理想的双唇是下唇比上唇厚一些，但一般人的唇形都不是很标准。所以，有很多女人会因为自己的嘴唇过厚、过薄、过大、过小或者是上下嘴唇不对称而苦恼，因为这些不完美成为她们想变成性感女人的阻碍。

其实，想要改变这些并不是一件什么困难的事，只需要一种简单可行的改变唇形方法就可以了。

选择一种跟自己嘴唇四周颜色比较相近的遮盖霜，用无名指取一点点在唇线上，然后轻轻晕开，使之与周围皮肤的连接处均匀无痕。然后根据自己的脸形和想要改变的形状，再用唇线笔将唇线往外扩或是往里缩，但需要注意以下事项：

一是外扩或是里缩的范围最好不超过本来轮廓的 1 至 1.5 毫米。二是唇线笔的颜色必须接近嘴唇的本色。三是如果嘴唇过薄，就不要用唇线笔把整个嘴角画满。

如果嘴唇过厚，就要比照原来的嘴角，分别向两边画出不超过 1 毫米的一点，这样线条就比较自然流畅；如果嘴唇过小，上唇略微扩展，但主要是扩展下唇线；如果嘴唇过大，轮廓线则要描得小一些。

不过，唇形轮廓不明显的厚嘴唇现在很流行。人们不约而同地不再喜欢樱桃小口，也不再喜欢薄嘴唇，反而觉得厚厚的大嘴有个性，也很性感。厚厚的双唇可以画成不同的唇妆，可以涂得油亮油亮，可以涂得滋润透明，也可以涂成哑光雾色。现在最流行的唇妆有以下几种：

雾光妆：唇形不明显，厚厚的双唇与雾光唇妆很吻合。无光泽的哑光唇色，涂抹后可持续6至8小时不褪色，极不容易擦掉。第一步，用手指蘸粉底在双唇上打上一层薄薄的粉底。用与唇膏色一致的唇线笔将唇线描画在双唇之外。第二步，在双唇上涂满雾光唇膏。

油亮妆：含有金盏草及甘菊精华成分的滋润唇膏很有光泽感，还能湿润并保持干燥的嘴唇，使双唇光泽细腻。第一步，先涂上一层唇膏。第二步，用纸巾轻按，擦掉唇上的浮色。第三步，再涂上一层唇膏，这样，油亮度更高，也不易掉色。

透明妆：清纯透明妆，是青春女孩最喜欢的唇妆，透明又有光泽，要能看出原来的唇色、原有的唇纹。第一步，立起刷子，涂上一层唇膏。第二步，用手指轻轻拍打，让唇膏渗入唇纹中。第三步，涂上一层透明唇膏，双唇的颜色浅淡透明。

第二，口红的选择。早在古埃及、希腊和罗马时代，已经有女性使用一些带红色的矿物或植物色素涂在面颊和嘴唇上，以达到美容的目的。

而在我国，早在三国时期，文学家曹植在其《洛神赋》中就以"丹唇外朗，皓齿内鲜……"的佳句来形容女性之美。到了唐朝，女人已懂得采用天然色素来美唇。如今，对大多数女人来说，最早接触的化妆品就是口红。

美国某网站针对美国女性在选择口红时的茫然和误区，特邀请著名化妆师为大家指点迷津，让女人们在简短的受训后成为口红选购高手，我们不妨参考一下：

一是色调的确定。自身色调的确定与唇彩的正确选择有着密切的相关性，是选用适宜色彩的基础。为了选择适合你的口红，首先，你必须为自己定下准确的自身色调。在这里，化妆师将美国女人的色调分为冷、暖两种。

冷色调的人一般拥有黑色或褐色的头发，略带红色或灰白色为其色泽重点；眼睛则呈蓝色或褐色；皮肤为橄榄色或白色。而暖色调的人发色呈赤褐色或淡黄色，草莓色或金色为其色泽重点；眼睛为绿色、蓝色或淡褐色；肤色呈现金黄色或桃色。

二是唇色的选定。由于冷色调的人带有少许蓝色或红色基调，因而以红色、粉红色、玫瑰色和紫色为最佳唇色。因而，如果你属于冷色调的人，那么不妨挑选一些以上色泽的唇彩，以便与肤色、发色和瞳孔色成和谐的统一。

然而并非冷色调的人只适合以上色泽，实际上属于暖色调的珊瑚色也适宜这个人群。由于暖色调的人基色为黄色或金色，因而青铜色、桃色、橙色、棕色以及珊瑚色为最佳唇色。

三是唇膏的试用。在选对适合的唇色后，便进入最重要也是最实质的阶段：试用唇膏。如果你拿不准口红的基调色，那么不妨在手上一试，观察唇膏的色彩在肌肤上的真实反映。比如说，一个冷色调的人，当她试用粉色的唇膏时，色泽会趋于紫色。这说明，这管口红正是冷色调的你适用的唇色。

否则，你应该选择暖色调的口红。由于嘴唇本身具有一定的色彩，为了避免使用口红的唇变为紫色，妆前应在唇上涂一层遮盖霜，用橙色笔进行勾画，以保证唇膏保持本色。这样你尽可穿戴你平时敬而远之的亮色服装。

掌握了以上各点，你便可以信心十足地向售货小姐开口买适合的唇膏了。

做一个有香气的女人

没有香味的女人，如同没有香味的花一样，是一朵塑料花。女人用香水的心情是那样优雅，而效果则如"疏影横斜水清浅，暗香浮动月昏黄"一般，若有若无，似有还无，如远处高楼上传过的歌声一般，渺茫却萦绕不绝，显得欲拒还迎。

女人是一种感性的视觉动物，有时会因为一个瓶子而喜欢一种香水，实际上不管是瓶子还是瓶子里面的香水，其实都代表了每一种不同风味的女人。

女人如香水，好女人亦如好香水，需要被细心呵护。香水不可放到阳光直射的地方，因为在阳光下，香水容易挥发，很容易就消耗掉她的青春岁月，只剩空瓶子，精致却又无心。

香水只宜单用，不可与其他香味混淆，否则就会有反作用，香水的这份孤清一如暗香浮动般的梅花，优雅而不能附庸俗雅。好的香水不会委屈了自己，如果要与其他香水合用，那还不如不用。

一款好的香水，不仅会有一个炫目的造型，更还要有怡人的香味。淡淡的，幽幽的香味更能持久，不能只是一时的诱人，香味太过浓烈也只会惹人厌烦。

不同性情、不同爱好的人们，由于各自不同的性格而偏爱某种特殊香味的香氛。于是，女人在选用香水增添魅力的同时，也展现了她的热情与情趣。

在街上走着，有幸从大美女身边经过时，总会让人眼睛一亮，此时如果美人身上再散发出清新、淡雅的香味，更是让人不由得再为她加上好几分赞叹。如果你也想行动生香，那以下几大秘诀你一定要看。

秘诀一：浓烈香水最好选择喷式。东方系与激情派的浓烈香水，往头发上一喷便漫向空中，所以可以浸在香雾里蘸取香气。喷雾的距离应离身体一条胳臂长，然后在香雾里待上二到三秒左右，就能蘸取柔和的香气了。

即使有什么特别状况，也别朝耳后和颈背猛喷，慌张的时候很容易弄糟，何况太过强烈的香气，只会带来反效果。

秘诀二：从手腕移向身体，香气圆润又舒适。先把香水沾在手腕上，然后再移向另一手的手腕，再从手腕移至耳后，然后擦在所有的部位上，也就是说，擦在手腕上温热后，接着有计划地移向其他适当的部位。

香气不会一下子猛扑而来，急着出门时用这个方法擦香水，最为便利了。不过，千万记得不要用摩擦的方式，而是用转印的方式，也就是说两个手腕不要互相摩擦，这样是会破坏香水分子的。

秘诀三：少量多处。擦香水最基本的条件就是少量多处。在汹涌的人潮里，如果感到谁散发强烈的香气，通常都来自一个地方，而且多半是上半身，就在鼻子一嗅便到的部位。这与香雾的道理是一样的，平均而薄淡的香气才是擦香水的高明方法。

秘诀四：千万别直接喷，用手指梳梳就好了，有人说效果令人惊奇的就是在发上抹香水。但可别一下子把喷头往上一喷，这样的香气太直接，不够婉约。

最好的方法就是用手指从内侧梳起，切记从内侧，这可是一个大窍门！擦完全身时，凭着指上留下的残香，迷人便绰绰有余。或者把距离拉远喷在手上，再像抹发油似的抓一抓就行了。

秘诀五：使用沾式香水，香水盖的内侧必须擦干净。如果你是用手沾上香水盖的内部，一定要用清洁的布擦干净。接触肌肤的部分皮脂与尘埃会在不知不觉中受到污染，如果就这样盖回瓶子，香水会自己产生变化，对香水的质地与保存是一个很大的伤害。

香水高手都会自备一块专用的布，同样的，经常用干净的手指蘸取也很重要。

秘诀六：用你最温柔的无名指擦抹。在敏感的眼部四周上粉底霜的时候，常听人说最好用自己的无名指推匀，因为其他的手指力气太强了，而无名指最温柔。香水也一样，必须依赖无名指使香气柔和、苏醒……只要轻轻地在各个地方按压两次，如同遮瑕膏的原则擦抹，正是擦香水的特色。

用指尖舞动你的风情

女人漂亮的双手是她们美丽外表的补充，它能使女人美得更夺目，更让人心旷神怡。女人漂亮的双手可以增加她的魅力，使男人在注意到她那纤弱而又不乏肉质的手部肌肤时，感受到一种释怀的温馨。所以，漂亮的双手是女人的名片。

女人的容貌诚然是男人瞩目的焦点，但男人关注女人的地方绝不仅止于她的脸，也不仅止于她的体态，一双纤纤玉手也会让男人心醉神迷。

女人的双手是女人的招牌，无论是打招呼、握手，还是传递物件

　　或者不经意的碰触，女人的双手最容易泄露自己的秘密。一双粗糙、青筋暴露、斑点满布的手绝对不是美人应该拥有的。

　　无法想象，一张清秀细致的脸庞，配上一双粗糙暗沉的手，是多么不协调的景象。男人怎么愿意把精美的钻戒戴在那样的手指上？

　　女人性感的手让男人看一眼就难以忘怀。在恋人面前，轻轻摩挲，便给对方以触电的感觉；握住那双手，就像握住了那颗扑通乱跳的心；握住那双手，能使男人信心倍增，再大的悲痛、再苦的忧郁，也会顿然消失；握住那双手，狂躁的心绪就会慢慢地平静下来。

　　女人丰润的手是女人艺术的象征。坐在公共汽车上，走在人头攒动的马路边，当你看到女人露在衣外的那双虽丰润但不臃肿的手臂，你一定会联想到一件件精雕细刻过的美术工艺品。

　　女人的手超脱于工艺品，不就是因为女性的力量美蕴含其中吗？这种美，饱人眼福，它令人流连忘返，顿生一片惬意，并情不自禁地将脚步向她移去。

　　女人灵巧的手因巧而增添了无尽的魅力。一块白绸缎，外加几根有色的细线，她能绣出巧夺天工的图案。一间小屋，几件家具，她能摆设出不亚于五星级饭店的精美卧室。女人的手，移花接木，无疤无痕，精雕细刻，样样精通。

　　所以，聪明的的女人，很会用手来展示自己的气质和文化品位。她们在做精巧的事情或做女红时，手便显示出特有的娴熟、纤巧和灵秀的美。她们舞蹈时，手便是那心灵的演绎——或喜或悲，或柔或刚，变化无穷。

　　女人还善于用手传递她灵魂深处的感情信息："翻手为云，覆手为雨"，女人为情、为义、为钱、为物，用那纤弱的小手指挥着男人。

再坚强的男人也需要一双温柔的手，它给男人力量，让男人豪情万丈，让男人拥有征服整个世界的勇气。女人的手，实实在在是一双不简单的手。

女人的双手不一定要细腻精致，也不一定非要十指修长，圆润的、丰满的、细瘦的，都可以成为纤纤玉手。不要认为做家务就一定会把手弄粗糙，没有一个女人一生什么家务都不做。只要肯保养，即便你是一个辛劳的贤内助，你的手也绝对不会给你丢面子。你可以在以下几方面下功夫对手进行护养。

第一，清洁指甲。指甲不一定要长长的或者做了水晶甲才会美丽，干净整齐就是美丽的基础。

第二，及时涂抹护手霜。每次做完家务、洗手之后一定要及时涂抹护手霜。冬季更要注意不让手部皮肤因失水而变得干燥，夏天为脸部抹防晒霜的时候要记得给自己的双手一次关爱。

第三，手部按摩。习惯定期去做手部按摩，不仅仅是放松双手，更多的是手部有很多穴位可以减缓身体的不适，这是一举两得的好办法。由于手部得到了充分的营养，肌肤开始细腻，因为适当的按摩，手部的肌肉、骨骼会变得柔软，而且手也会变得更加敏感，坚持下去，就能拥有一双会被王子紧握的纤纤玉手！

第四，涂上色彩。爱美的女性不妨试试在指尖上花点心思，涂上浓浓的色彩，让眼睛和心头为之一亮。美丽的指甲总是会让人眼前一亮，夏季一到，"出手频率"也越来越高。

有人说"妙指如诗"，古代就有染蔻丹之举，现代人更是把指甲上的风情发挥到了极致，各种各样的美甲店，绣花一般把指甲慢慢变美，不仅是手，连整个人也因此魅力四射。

再不然，自己动手 DIY，"妆甲"行动会让你顿时活脱鲜亮起来，你也可以骄傲地高举你的双手。

女人漂亮的玉手是女人美丽外表的补充，它让男人产生了无尽的遐想，为女人增添了无穷的魅力......

穿出你的独特个性

蕙质兰心的女人从不会在装扮自己时跟风逐流，因为她知道：流行的东西也许并不适合自己，根据自己的先天条件和气质扮出有独特风格的美，才是有品位的选择。

在街上闲逛时，最大的享受莫过于欣赏一些漂亮时髦的女孩子。当你眼睛的视线随着穿梭的人群移动时，你或许会盯着一张清新脱俗的脸孔，而下一个或许是她那婀娜多姿的体态吸引了你，再下一个或许是她一身新潮的打扮使你目不转睛。

因此，衣服不仅是为了驱寒避暑，它更是一种无声的语言，随时在向你周围的人散播你的心声，你的个性，所以现代的女性对于服装与个性的关系，都应该有深刻的认识，使服装能够真正发挥你的个性美。而如何穿出衣着具有的高雅风度，一般来说，主要有以下原则：

第一，展现简单大方。衣服的式样要以简单大方为原则，线条、款式一定要越简单越好，切忌混杂太多色彩及使用太复杂的图案。花边、蕾丝繁多的服装少穿，否则会使人觉得"小家子气"。颜色以统一协调的色系为主，黑、白色较佳，显得高雅大方。

衣服质料非常重要。设计再好的服装，也需要有质料好的布来缝制，才能相得益彰。其中棉、纯羊毛衣料都不错，但仍以丝、绸、缎等布料最能显示服装的高贵感。同时，不要把质料性质相差太多的衣服混在一起穿。

第二，展现浪漫情调。浪漫，是展现女性魅力和风情的一种最具吸引力的品位，它表现出女性的温柔、可爱、纯真、抒情、富于幻想的心态。

而浪漫情调的服装穿戴，是通过柔和流畅的线条，变化丰富的淡雅色调，轻柔飘逸的织物、精致小巧的图案设计及充分表现女人味的花边、厘士、泡袖、刺绣、缎带、丝巾、绢花等装饰来展示。

浪漫型穿着以展示女性自然曲线为重点，强调女性的魅力，既可以柔和淡雅的色调和含蓄典雅的款式来表现女性的温柔，又可以适当的暴露和利落的贴身剪裁来突出女性优美的线条和风韵。

许多富有个性，性格开朗的女性都喜欢穿着情调浪漫的服装。但是，除了具备服饰条件外，穿着者的生活方式、情操也是应当考虑的，只有两者统一，才能成功地穿出浪漫情调。

第三，洋溢自然风格。自然风格类型人的特征是，即使不运动也给人一种运动型的印象。这类型人如何装扮自己呢？潇洒、随意、自然而不矫揉造作是其装扮要诀。因此，应注意款式的选择。丝绸、灯笼袖的晚礼服等应尽量避免。

在颜色方面，采用富有田园风光的大自然流行色，以海滨沙滩色、盛夏园林色和深秋月光色为最佳。

海滨沙滩色，色调浅淡光亮，清新高雅。阳光下的沙滩更能显示出一派轻柔明快、五彩缤纷的色彩，使人感到心旷神怡。

盛夏园林色，色调古朴典雅，如酷暑盛夏置于阴凉清爽的园林之中，清新宜人，沁人心脾。

深秋月光色，秋夜清澈透凉，月光轻柔地洒向大地，呈现出宁静、神秘的色彩，与竞相开放的花朵和各种自然景色相映成趣，令人神往。

第四，席卷民族色彩。欧美一流的服装设计师，在他们收集的各种资料当中，必须有各民族特色的服饰。

穿着具有民族色彩的服装，可以使女性显得更突出；同时，在心理上也能产生放松的感觉。这种服饰最适合追求自由、和谐的年轻女性穿着。

当你遭受到课程、家庭、社会的压力，或对周边的环境感到乏味时，不妨穿穿具有民族色彩的服装，当你有脱胎换骨的感觉时，一个崭新的你就诞生了。

在穿着具有民族色彩的服装时，应该同时注意适当的配件。例如穿着印第安风格的服装时，羽饰和有穗子的上衣是最理想的搭配。如果穿着吉卜赛风味的服装，应该选择宽大的荷叶裙，此外，披肩也是不可或缺的配件。

如果你所穿着的服装太过于强调当地色彩，会显得像是参加化装舞会似的。所以，不妨加入自己的创意，使你的打扮不仅具有特色，且富有新鲜感。

服饰之美让你与众不同

衣服不仅是为了驱寒避暑，它也是一种无声的语言，随时在向你周围的人散播着你的心声和你的个性。服饰或简约，或繁杂，或稚嫩，或成熟，都象征着不同年龄阶段的不同女人的个性特点。

第一，乖巧型。乖巧型的女人个性柔顺，适合一切富有浓烈女人味道的饰物，如花边、蕾丝，碎褶的软裙、绣着可爱花纹的衣摆、宽大的纱袖等都是她常用的衣服款式。

她偏爱中间色调，不喜爱太过于强烈对比的配色。柔和的色调加上弧形的线条剪裁是她的最爱。

第二，精明型。精明型的女人适合帅气的服装，如套装、大翻领、基本袖设计的服饰。这类服饰便于活动，穿着令人感觉帅气。衬衫、外套长裤都能够使人看起来精明干练。

这类女性注重保持服装整洁，衣服脱下来之后，她会规规矩矩地挂好，衣褶拉平。在颜色方面，她多选择纯色或条子花。精明型的女人对于衣服的剪裁宁愿简单大方，不喜欢复杂，所以她很少穿拼接的花衣服、配荷叶边的饰物和披肩等。

第三，沉默型。个性内向而沉默的女人，如果希望在初次见面的时候避免给人以过分沉默的形象，那就应该把一切不惹眼的设计和款式死板的服装收起来，找一件色彩比较明亮的泡泡长袖上衣，配上一条白色的牛仔裤或是打褶的蓬蓬裙。

这种转变只是比原来稍微显得活泼一点，但是它在风格上仍然不失文静之美，看起来会让人觉得亲切许多。

但是这类女人也不宜改变得太过分，如果一下子就穿起暴露而惹火的服装，不但朋友们难以适应，也会因为两种个性极端的不同而无法协调，自然也就丧失个性美了，她自己也会因为觉得别扭而感到全身不自在，越发地沉默起来。

第四，迷糊型。这类女人做事有些马虎，对于一些小节容易疏忽，常发生一些小错误。例如，雪白的衣服上不小心染上一点污渍，脱下的外套随手一扔，到下次穿时皱巴巴的。这种迷糊的个性不能一下子改正过来，但是可以靠努力来改进。

在服装款式的选择上，这类女人可以多选择硬挺的式样，如小马甲式的背心，外面套上长袖外套，下身是中式裙和长靴的搭配，这种装扮多少可以驱除一点迷糊的感觉，让她们看起来可以显得更精神一点。宽松而易皱的棉织品款式最容易夸大这类女人的邋遢感，还是避免为好。

第五，外向型。外向型女人可以穿衬衫领或大方领上衣，"飞肩式"的无袖设计，宽松的腰身系一条绳带，可松可紧，裙摆也建议以宽大为好。上衣的领扣到第三粒扣子才扣上，穿低腰的牛仔裤，配上大型的耳环、大珠串成的项链。

如果你属于外向的人，喜欢参与别人的事，而希望在穿衣上有所遮掩，以免惹出不必要的是非，那么在服装上建议你不妨稍微改变一下，用柔软而质料较好的衣料做几件衣服，如网状的手钩织外衣、合身的中式裙、紧身的高领T恤。

这种装扮会让人觉得你比较保持本色，而不是外向多刺；这样的调整对你本身也有警惕作用，使你在人际交往中能守能攻，不会显得锋芒毕露。

第六，热情型。如果你希望强调自己的个性美，不妨多利用荷叶边或是船型领式的线条设计，服装的颜色可以尽量鲜艳一些，如大红、大黄之类的暖色系列。鸟毛式的衣摆、袖摆也能绽放热情的火花，增加热烈的气氛。

在喜庆节日的时候，穿得热情一些是好的，但是光是穿大红缎子的衣服而不注意到款式的话，往往达不到理想的效果。

如果你属于"冰山"型的女人，而希望在新婚宴会上给亲友来宾带来一种较为温暖的印象，那么你就不宜穿紧束身体的红缎旗袍。因为穿旗袍太端庄了，虽然红色带有几许暖意，但是却未能抵消冰山的冷感，建议此时不妨选择有镂空低领线、宽袖摆、宝塔式的礼服，会比紧袖高立领的款式令你看上去亲切许多。

仪态美让女人魅力无限

仪态美是指人的仪表、姿态所显示出来的外在美。仪表，主要是指装饰装束。姿态，主要是指行为举止的姿势形态。大哲学家培根说："形体之美胜于颜色之美，而优雅的行为之美又胜于形体之美。"

如果一个女人拥有优雅端正的体态，敏捷协调的动作，优美的言语，甜蜜的微笑和具有本人特色的仪态，即使是容貌平平，也会给人留下美好的印象。

所以说，一个受人尊重的女性，并不是最美丽的女性，而是仪态最佳的女性。作为二十几岁的女人，只要你掌握了以下要点，你也可以做个充满仪态美的魅力女人。

第一，吃的仪态美。现代社会的职业女性一切求快，而往往忽视了吃东西的"艺术"，这是大错而特错的，因为由吃的仪态可看出一个女性的家教修养。

在公共场合吃饭时切忌高谈阔论，影响邻桌的客人，尤其是当你跟你的"另一半"及你们"爱情的结晶"出现在餐馆时，更不可因小孩不听话而动怒打骂。

在饭桌上切忌谈论一些不雅的事情，吃饭时发出声音，这样会让人觉得没有教养。要注意拿筷子的样子、喝汤的姿态、嚼饭菜的口型、拿碗的动作等，均应以自然为主，千万不可为了"美"而做作，否则将会适得其反。

第二，立的仪态美。首先，是正式站姿。这种站姿一般适合于在正式场合，肩线、腰线、臀线与水平线平行，全身对称，目光直视，所表达的是一种坦诚的、谦和的、不卑不亢的形象。

其次，是随意站姿。这种站姿要求头、颈、躯干和腿保持在一条垂直线上，或两脚平行分开，或左脚向前靠于右脚内侧，或两手互搭，或将一只手垂于体侧。这种随意站姿有时是一种随性的站姿，有时表达了淑女的含蓄、羞涩、收敛。微微含胸、双手交叉于腹前，手微曲放松，则表达了一种性感女性的曲线之美。

最后，是装扮站姿。这是一种具有艺术性和表现欲望的站姿，在表达情感上最为生动，有时甚至会感到夸张。在舞台上、艺术摄影中常可以见到这种站姿。头斜放，颈部被拉得修长而优美，一手叉在腰上，脚左右分开，重心在直立腿上，向人们展示一种自信的美，一种艺术的美。

第三，坐的仪态美。优美的坐姿，要求上身挺直，两眼平视，下巴微收，脖子要直，挺胸收腹，脖子、脊椎骨和臀部成一条直线。另外，一切优美的姿态让腿和脚来完成。

上身随时要保持端正，如为了尊重对方谈话，可以侧身谛听，但头不能偏得太多，双手可以轻搭在沙发扶手上，但不可手心向上。双手可以相交，搁在大腿上，但不可交得太高，最高不超过手腕两寸。

左手掌搭在大腿上，右手掌搭在左手背上，也很雅致。

不论坐何种椅子，何种坐法，切忌两膝盖分开，两脚尖朝内，脚跟向外。翘大腿坐时，尤其是一脚着地，一脚悬空时，悬空的一只脚尽量让脚背伸直，不可脚尖朝天。女孩子最忌两脚成"八"字伸开而坐。

虽然这些坐姿做起来都很简单，但是要做得习惯自然，就不是一两天的工夫所能做到的，必须要天天练习，时时注意，久而久之，也就习惯成自然了。

第四，行的仪态美。走路时要想保持良好姿态，可遵循以下原则：

上半身挺直，两腿挺直，双脚平行。迈步时，应先提起脚跟，再提起脚掌，最后脚尖离地；落地时，应脚尖先落地，然后脚掌落地，最后脚跟落地。

一脚落地时，臀部同时做轻微扭动，但幅度不可太大。当一脚跨出时，肩膀跟着摆动，但要自然轻松，让步伐和呼吸配合成有韵律的节奏。

穿礼服、长裙或旗袍时，切勿跨大步，显得很匆忙。穿长裤时，步幅放大，会显出活泼与生动。但最大的步幅不超过脚长的两倍。

走路时膝盖和脚踝都要富于弹性，否则会失去节奏，显得浑身僵硬，失去美感。

第五，衣的仪态美。爱美是女人的天性，但并不是每个女人都懂得如何打扮自己，有些人花了不少钱买贵重的衣服，但穿在身上却总是缺那么一点完美感。而有的人却能花很少的钱把自己打扮得漂亮又大方，这就是个人审美观的问题了。

一个穿着有品位的女人，绝不会一味地追求昂贵和时髦的衣服。比如一个身材矮胖、腿部粗短的女性，穿流行的窄腿裤或超短裙是肯定不合适的，这样就完全把她的缺点暴露出来了。

她应当选择色泽较深，花纹单纯或直条纹的稍宽裤管的长裤或长及小腿以下的长裙，裙摆遮住粗壮的小腿肚为宜，脚下可穿高跟鞋，使裤管遮住鞋跟，这样可使身材看起来修长一些。

此外，衣料的质地也很重要，身材丰满或个性活泼的女性，宜穿软面料的衣服，而硬面料则比较适宜瘦小的女性穿。

服装的式样对女性的仪态美也有很大影响。短的衣服，适于身材高挑的女性，而身材矮小的女性衣服最好长一些；丰满的女性式样应力求简单，有时不妨戴一条长项链，也可起到拉长身材的作用。身体瘦小的女性，式样还可以有些变化，如可在小圆领上加些飘逸的荷叶边，但切忌衣服不合身。

第六，笑的仪态美。笑，是七情中的一种情感，是心理健康的一个标志。对女性来说，笑也很有讲究。在日常生活中，常看到有些女性不注意修饰自己的笑容，而影响了自己的仪态美。笑有很多种，如拉起嘴角一端微笑，使人感到虚伪；吸着鼻子冷笑，使人感到阴沉；捂着嘴笑，给人以不大方的印象。

要想笑，嘴角翘。这是公认的美的笑容，达·芬奇的名画《蒙娜丽莎》中的微笑被誉为永恒的经典微笑。

美丽的笑容，犹如三月桃花，给人以温馨甜美的感觉，发自内心的笑是快乐的，但切忌皮笑肉不笑，或无节制的大笑、狂笑。

现代女性要学会运用美的微笑、美的肢体语言、美的表情、美的仪态来展现你的风采，让你美在容颜上，美在言行举止上，进而美在思想上，美在心灵上，从而让你成为有气质、有修养、有风度、有魅力的新女性，以赢得他人的尊重，获得事业和人生的成功！

第五章
和睦家庭，来源于气质修养

　　作为一个现代女性，要想在社会中获得成功，首先必须具备不服输的品性，但是在婚姻生活中却恰恰是相反的。成功美满的婚姻，往往存在于那些懂得和擅长把握"输"的技巧的女性。因为只有掌握了为妻之道，才能成为丈夫心目中的一流妻子，才能够让自己的家庭和睦美，才能够一辈子的幸福下去。

爱的付出需要适度

在生活中，我们每个人都是一个独立的个体，有着属于自己的情感，或许还有一些只有自己知道的小秘密。可是，有一天某个人以爱的名义把你禁锢在所谓感情的牢笼里，你还有真正的幸福、快乐吗？这样的爱又是不是真正的爱呢？

曾经一度认为封建社会的相敬如宾是封建残余，是该驱逐的鄙陋之俗。不过，随着社会阅历的增多，见识过太多的悲欢离合之后，蓦然回首，才发觉世上没有比"相敬如宾"更好的夫妻相处之道了！

每个人都能在社会上过得很好，也能很好地安排自己的生活，为什么两个人在一起后会矛盾纷呈呢？每个人都希望婚姻带给自己的快乐多于束缚，可是"权利与责任是相对的两个方面"，这一点又有谁能真正理解？

越是相爱的人，越是希望对方完全地属于自己，不仅是身体、时间，更重要的是思想也得属于自己。但这能做到吗？结果是否定的。至少各人工作性质的不同，单位上有些秘密是不足为外人道的，包括父母妻儿。夫妻之间也不能完全坦诚相待，比如对癌症病人，有时善意的欺骗比真诚的坦白更能让他鼓起生存的勇气和信心！

距离的存在是客观的，距离的存在也是夫妻相处的一门艺术。也许，只要把握住这样一项原则：只要双方的行为都是为了家庭好，为了把家建设得更加的美丽和谐，那其他的外在表现又何必在意！有时，适度的爱才是一种幸福哲学！

　　一个即将出嫁的女孩，向她的母亲提了一个问题："妈妈，婚后我该怎么把握爱情呢？"

　　"傻孩子，爱情怎么能把握呢？"母亲诧异道。

　　"那爱情为什么不能把握呢？"女孩疑惑地追问。

　　母亲听了女孩的话，温情地笑了笑，然后慢慢地蹲下，从地上捧了一捧沙子，送到女儿面前。

　　女孩发现那捧沙子在母亲的手里，圆圆满满的，没有一点流失，没有一点撒落。

　　接着母亲用力将双手握紧，沙子立刻就从母亲的指隙间泻落下来，待母亲再把手张开时，原来那捧沙子已所剩无几，其圆圆满满的形状也早已被压得扁扁的，毫无美感可言。

　　女孩望着母亲手中的沙子，领悟地点点头。

　　其实，那位母亲是要告诉她的女儿：爱情不能紧紧握在手心，越想抓牢自己的爱情，反而容易失去自我，失去原则，失去彼此之间应该保持的宽容和谅解，爱情也会因此变成毫无美感的形式。接下来就教大家如何适度地去爱，去把握好婚姻的距离。

　　第一，不要事事包揽，把男人宠坏。现在，很多女人都希望能够成为男人的贤内助。这样的女人为了让男人成就自己的事业，不惜为男人做任何事情。吃饭不用自己盛，毛巾不用自己洗，她们把男人宠得好像养尊处优的老佛爷。

可事实上，照顾家庭是两个人，而不是一个人的义务。在这里并不是反对女人做个贤妻良母，而是要提醒女人，那个男人对你的付出心安理得吗？他会心疼你的付出吗？你生病他不来探望，你的信息他不回，这叫作正常吗？如果是哪个上司哪个美女发的，他会不理吗？男人的惰性、对你的忽视就被你培养了。

你若还不以为然，你以为你很高尚。你的权益被你自己忽视省略，到哪月哪天，你撑不住了，责问他的冷漠，他回你一句：不是一直就这样的吗？把你噎个半死。男人变心都有一个量变到质变的过程，你可得小心了，不要太放任自流，男人本就崇尚自由，你再开口子，得寸进尺，离质变就不远了。

男人在出轨以前往往都有一定的预兆，如游离在正常的家庭生活之外。如不回家，不通气，不见人。所以，督促男人尽他的家庭义务，夫妻义务，是防微杜渐，是行驶正常轨道的必要。不是苛刻，不是为妻的偷懒。这是在提醒他是老公，不是住旅馆。

男人像孩子，可不能惯着，惯坏了生反骨了，你还不知是哪一天开始的。可以少做一点，但不能让他认为在家没他的事。度的拿捏，聪明女人自己思考。

第二，不要让属于自己的天地为男人关闭。如今，很多女人在嫁人之后，生活就开始改变。朋友之间聚会不去参加了，同事们一起外出也不去了，公司的集体出游不再热心了，工作时也不再尽心尽力了。

天上有个太阳，心中有个男人。张口闭口就是老公，自己的友情、亲情、工作、生活圈全部关闭，仿佛不这样就对不起老公，就是对老公不专一。

人是社会性的动物，你一天天人为地消灭你的社会角色，把你所有的喜怒哀乐全部系于男人一身，你不想想他有多累？你势必天天缠住他问这问那说不完的心里话，还产生扯不断理还乱的小恩小怨小口角。什么他不陪你啦，不关心你啦，等等，女人的眼泪像葡萄一串串，他的事忙得团团转，哪有心情天天陪你谈？

日子久了，烦不烦？你这些负面情绪，全都是因为没有接触外面的世界产生的，属于自找烦恼。

把朋友圈继续吧，友情对女人很重要，是家庭生活的润滑剂。女人一定要有几个死党。在你情绪失控的时候，保证还有死党为你端茶送水，而不是报怨最爱你的那个人为什么没来。自己的情绪让自己消化。

人都是在平淡日子中自我成熟自我长大。男人也有烦恼，可他们不会轻易叫嚷，让人看不到他的弱点，是不是很狡猾？女人也应如此。

第三，女人一定要有自己谋生的手段。女人永远不要认为嫁人以后，就可以衣食无忧，乐享人生了。因为男人不可能成为你的长期饭票。

没有哪条法律规定，他必须爱你一生一世，爱与不爱是他的权利，更是他的自由。没有哪家保险公司愿意为男人的爱情投保，所以，永远不要因为男人的一时慷慨，就放弃自己谋生的打算。俗话说得好，"自己动手丰衣足食"，吃饭总是气短。

男人的财力也是自己打拼的，他从骨子里敬重女人的自立。经济能力是女人的骨气。男人为什么一定要为你刷卡？你为什么不能自立？好吃懒做，做寄生虫总是叫人瞧不起。

有种男人自以为给家里挣了俩钱儿，就在家里拿腔拿调，把老婆当员工使唤，这样的日子好过吗？做全职太太你要有心理准备，居安思危，保持学习，不要丢失了你的谋生技艺。

所以，女人可以专一，可以深情，可以执着，但要珍惜你的付出，不是付出越多越好，要有自己的原则底线。你要活出你自己的精彩。男人生病时你悉心照顾他就行了，不要把男人当成你的天。

付出多了，失去自己，反而让男人轻视你。自尊自爱，自立自强，自我完善，有张有弛，才能让自己的天空不下雨，就是下雨了，也还有一把你的小伞握在你手里。

做一个聪明的傻女人

人生处处充满着哲学，做女人也不例外。做女人的哲学有很多种，但真正能受用一辈子的却只有一种，那就是做个聪明的傻女人。聪明的傻女人，傻的是外表，聪明的是内心。

聪明的傻女人要比常人更加懂得人生的哲学，她从心底明白，再聪明的人机关算尽，最终得到的往往只有一，而聪明的傻女人却可以得到二甚至是更多。

所以，我们要做个清醒的糊涂女人。一个女人如果太清醒，就会世事洞明，这种能够看透一切的精明难免会令人望而生畏；一个女人如果过于糊涂，就会显得木讷迟滞，索然无味，也会让人退避三舍。一个女人若是懂得在清醒的时候适当的糊涂，在糊涂的时候带着一丝清醒，那么就算得上是一个真正聪明的女人。

有位名女人说过："做人难，做女人更难，做名女人则难上加难。"可不，别说做名女人，就是做名普通女人也不易。女人难做，这是千百年来女人的共识。但是，到底难在哪里呢？这并不是谁都能够说得清楚的，包括女人自己。其实，女人的难就在于活得太明白，对世事太清醒，不懂得适当的糊涂。

《红楼梦》中的一姐贾元春不但是一位成功的女人，而且是一位头脑非常清醒的女性。在封建时代，一个女人一朝能够选在君王侧，做皇帝的女人，应该是靠个人奋斗，或者靠天赋天资，所能达到的最高目标了。元春不但做到了，而且圣眷日隆，对贾家的兴盛也助了一臂之力。

她享有的荣华富贵是天下女人倾慕的。当浩浩荡荡的省亲队伍开往大观园时，帐舞蟠龙，帘飞彩凤，身在其中被簇拥着的年轻皇妃是多么风光，万人称美。这种排场和气派令一向内敛淡定的宝钗都忍不住对着宝玉流露内心的美慕：谁是你姐姐？那上头穿黄袍的才是你姐姐呢。

但是，在这衣锦荣归的时刻，元春心里充溢的却不是志得意满，而是一种充满内省的清醒。因为她的认知能力让她无法沉溺于一般女人的满足感里。面对至亲，她几番垂泪。

而且，更严重的，她清醒地意识到自己的需要并不是眼前这虚有的荣华，她向往的是田舍之家，虽齑盐布帛，终能尽享天伦之乐的平淡。在别人看来，显赫之极、大富大贵的人生，对于她，却是终无意趣，寥落无比。

所以，因为活得太清醒，元春才会把皇宫说成是不让人留恋的去处。因为清醒，才不会沉溺于奢华之中，而另有所求，对拥有的生活感到缺憾。

同时，她清醒地看到，自己的追求与现实的鸿沟，相隔如天堑，其实是一件异常痛苦的事情。而元春最后的早逝也多半和这种清醒所带来的无尽苦恼以及精神失落有关。

可见，女人活得太清醒，除了容易对现状不满，还会放大对不幸的感知能力。而那些活得糊涂一点的女人，不但被认为是通达、宽厚、乐观的女人，还能享受到幸福的生活。

清醒的糊涂女人，凡事看得清，却并不点破，遇事想得深，却并不深究。清醒的糊涂女人，糊涂的是外表，清醒的是心灵。糊涂与清醒往往只有一步之遥。所以，做一个清醒的糊涂女人绝非易事，它关乎女人的悟性、胸襟和修养。

李女士是个温雅贤淑的妻子，她爱她的丈夫和孩子，为他们忙碌，为他们操劳，这让她觉得是莫大的幸福。

也许男人都有一颗艳遇的心吧，结婚6年，孩子4岁了，他们的感情一直不温不火。但是近来，李女士总感到丈夫的表现有些异常。比如，以前从来不注重外表的他，现在每天上班前都要精心地将自己收拾一番。本来一周结同一条领带的习惯，变成了每天结不同的领带。而且他的衣服上也总是散发着一丝淡淡的异香。每晚回家的时间也一天一天地向后推移着，而回答总是一句："应酬太多。"

看着这些变化，李女士觉察到自己最不想发生的事情发生了，她沉默着，不想追问，不想调查，只是静静地读着丈夫那张晚归却总是兴致勃勃充满阳光的脸。

有一天下午下班的时候，丈夫打来电话说，晚上要陪上司去接待几个客户，会回来得晚一点，让她不要等他吃晚饭了。然而，晚上9点，电话响起，另一端是他的上司，有事要找他，说他的手机打不通。

听到这些，李女士心头一沉，略略迟疑后，她缓缓地回道："他现在不在家，手机可能是没电了，等他回家我让他回复您吧。"

放下电话，李女士愣在了原地，她一遍遍地拨着丈夫那熟悉的手机号，听着里面传出的"对不起，您呼叫的用户忙，请稍后再拨"，她心如刀割。深夜，丈夫悄然回来。灯下，李女士给他倒了一杯茶之后，装作什么都不知道的样子静静地对他说："你的上司晚上来电话找你，说你的手机打不通，我想是没有电了，他让你回来给他回电话。"

话毕，李女士起身准备去睡了，留下丈夫独自坐在沙发上发呆。

一会儿，丈夫走入卧室，突然发起了脾气，走来走去地述说着他的辛劳，听着丈夫的怨言，李女士内心酸楚却不想再多言语。

第二天，丈夫回家很早，支支吾吾地向李女士道歉说自己昨晚不该发火。李女士微笑地说："我从来就没有怪罪你，谁没有错的时候呢？旧事我们就不要再提了。"丈夫听后更显得局促不安了。

日子依旧在一天天地过着，李女士像什么都没有发生过一样，一如既往地为丈夫为孩子忙碌着，丈夫每天下班就回家了，再也没有什么应酬。

有一天，李女士收到了一封邮件，是丈夫写给她的，洋洋洒洒数千言，述说着他的错，他的悔，他的反省与自悟，他请求李女士的宽恕。

李女士读了信，禁不住泪流满面……漫长的生命旅途中，两个人相遇不容易，能够成为同眠共枕的夫妻更是不易。有的时候，也许只能用宽容和谅解才能使自己释怀吧。

李女士就是一个清醒的糊涂女人，她依靠自己表面的糊涂，用"随风潜入夜"的方式，在不知不觉中给了自己男人一个"润物细无声"的深刻教诲，同时，她不但用糊涂保全了自己和老公的面子，更用清醒挽回了婚姻的幸福。其结果和那些看似清醒实则糊涂透顶的女人相比，实在是大相径庭。

可见，女人糊涂一点过日子，有时候倒不是坏事。一个清醒的糊涂女人，不但在情感上懂得用糊涂来维护自己的婚姻；在生活中也比常人更加懂得人生的哲学，她从心底明白太过清醒反而会加重对不幸的痛感。所以，做女人并不难，只要在清醒中带着些许糊涂，就能够享受幸福，快乐地生活。

幸福生活需要宽容的心

生活在这个世界上，谁都会经历这样那样的不如意，也许是别人的误解，也许是对他人的仇恨。那么，应该怎样对待这些误解和仇恨呢？是永远仇恨和敌视对方，用痛苦的折磨去以牙还牙，还是用真诚的宽容和谅解去化解怨恨？当然选择宽容才是最聪明的选择。因为，宽容不仅能让他人释怀，同时也是善待自己。

在现代社会中，工作的烦恼、生存的压力、沟通的障碍、情感的波折、出行的不顺等各种生活中的琐事，常常压得我们透不过气来，我们经常会把亲近的人当作出气筒，将别人给我们的怨气转移到他们身上，他们又转移到另外的人身上，不知不觉间就落入了"怨恨循环"的怪圈。这种怨恨害人害己，最终受伤最深的还是自己。

其实，我们生活在这个世界上，难免会遇到一些糟心的事，这时，我们只要大度一点、宽容一点，很多麻烦怨恨都会化为乌有。请看下面一个古代案例：

东汉末年，有一个以宽厚待人而闻名的人，名叫刘宽。一天，刘宽驾着一辆牛车外出游览，牛车慢慢地向前走着。

突然，一个冒冒失失的人拉住了刘宽的牛车说："难怪我的牛不见了，到处找都没找到，原来是你把我的牛用来拉车了。"

刘宽对这突如其来的事，感到有些莫名其妙。心想，这么多年来我都是坐这头牛拉的车，这牛怎么是他的呢？任凭刘宽怎么向那人解释，那人就是一口咬定这头牛是他的。

刘宽转而又想，别人丢了牛，又急着要用，与他争也无用，便只好暂时让那人把牛牵走，自己步行回家。

没过多久，那丢牛人找回了自己的牛，便把刘宽的牛送了回来，并跪下叩头向刘宽道歉地说："真对不起，误会了你，随你怎么处罚我都行。"

刘宽没有责怪他，反而体谅地说："同一类动物有相似的，有时候难免弄错。现在你很辛苦的把牛帮我送回来了，我还要谢谢你呢。"

在本例中，假若刘宽是个莽汉，别人想强要他的牛，他肯定不会答应，说不定还会拔拳相向，拼死打斗，最终的结果只能是头破血流，两败俱伤，但他采取宽容的态度，最后换来的是那人的感恩戴德。

一个人在现实生活中不可能没有矛盾和麻烦，甚至无中生有的麻烦也随时会出现。

在对待怨恨时，不同的人也有着不同的处理方式。而最好的方式莫过于用宽容和理解的心让这种不满的情绪终结，而不是将其无尽地传递下去。只要像刘宽那样释放一点爱心，善于理解他人，替他人着想，可怕的怨恨苗头就会到此为止。

一个女人，如果不学会宽容，就会陷入无穷无尽的烦恼中。作茧自缚，永无解脱，就连最微小的快乐也不可求。

苏珊曾经有一个儿子小约翰，可是在他17岁那年，由于一次意外，被一群游荡社会的坏孩子乱刀砍死了。那段时间，她很悲伤，心中也充满了仇恨。

每一次看到那些衣着不整、叼着烟卷穿街走巷，狂歌猛喊，脏话连篇的坏孩子，她都有冲过去撕烂他们的冲动，这让她陷入了更深的痛苦漩涡中。

后来，在一次"拯救灵魂"的公益活动中，她碰到了保罗，那时他已是一个老得几乎走不动道的老牧师了。保罗看到眼含忧郁的苏珊后，便颤颤巍巍地向她走了过来，并对她说："你的事情我都听说了，光凭怨恨是解决不了问题的，而且你知道吗？这些孩子也非常可怜，因为父母过早地抛弃了他们，社会也用有色的眼睛看待他们，他们多数人自从出生的那天起便没有尝到过什么温情，更不知道什么是爱！"

苏珊愤愤地说："可是，他们夺走了我的约翰！"

"那也许是个意外，放下这些怨恨吧，如果你愿意，也许他们都会成为您的小约翰的！"

苏珊听从保罗的建议，参加了"拯救灵魂"的团体。她每个月都要抽出两天时间去附近的一家少年犯罪中心，试着接近这些曾经让她深恶痛绝的孩子。

开始时固然有些不自在，可通过一段时间的交流后，她发现，这些孩子确实不像他们所表现的那样坏。他们渴望爱，渴望温情，有的甚至渴望叫谁一声"妈妈"。

于是苏珊像这个组织的其他成员一样，认了其中的两个黑人孩子作为自己的孩子。每个月她都要带上自己最拿手的食物去看他们两次。就这样，两年过去了，当她的这两个孩子出去之后，她再认领下两个……

直到现在，她已经认下了二十几个孩子。他们每个人都从她那里得到了一种不是母爱却胜似母爱的情感，而她也从他们的身上找到了小约翰的影子。他们即使从那里出去，重新回到社会后，也从没有中断过与苏珊的联系，他们会定期地到家里来看望她，帮她做家务，然后与她一起共进晚餐，看电视……

苏珊说她从没有像现在这样幸福过，她不但用她的爱心从
更深的地方挽救了这些孩子，更找到了她应得的天伦之乐。

宽容是一种美德，是一种高贵的品质，是精神的成熟，心灵的丰
盈。宽容是对人、对事的包容和接纳，是一种非凡的气度，宽广的胸怀。
宽容更是一种生活的艺术、生存的智慧，当一个女人看透了社会人生
之后，必定会获得一份从容和超然，获得人生的真正幸福。

驾驭情感使婚姻更美好

爱他却不给他负担，给他自由也给自己自由。做女人要知道什么
时候该进，什么时候该退。什么时候挡在他前面，什么时间躲在他后面。

一个热爱家庭的好女人，也会喜欢"围城"外优秀的男人，但她
一般是不会去破坏自己的婚姻，女人的细腻感情，决定了女人不容易
忘掉自己喜欢的男人，她会把他一直珍藏在心里。这样的女人，很懂
得婚姻还是原装的好。为了自己的幸福，女人要珍惜自己的婚姻，好
好经营自己的婚姻。

有人说，婚姻就像一场赌博，赌赢了，小家庭就和和美美，其乐
融融；赌输了，就鸡飞狗跳，烟熏火燎。人人都希望自己的婚姻是成
功的，尤其是女人，更期望自己一生有一个圆满的好姻缘。因为婚姻
的成败，关乎女人一生幸与不幸的关键。

男人婚姻失败，可以在事业上寻找精神寄托，而女人想要成就一
番事业，其难度比男人要大得多。如果女人婚姻失败，她的后半生几

乎没有什么幸福可言。

虽然男人和女人都不是商品，但用经济学完全可以解释通，价格与价值成正比，影响价格的因素还有供求关系。离了婚的男人可以找到比自己小 10 岁的女人，可对于离了婚的女人，大她 10 岁的男人也是顾忌再三的。

《圣经》上说："夏娃是亚当的肋骨变成的，想想男人把肋骨都慷慨地奉献给我们，我们多做点家务，多关心一点他们，又有什么不好呢？"有些女人常常责怪自己的男人很笨，这就等于说自己也是笨人变成的肋骨！

一个对家庭和社会有高度责任感的好男人，也会为出色的女人而心动，但不会轻易为此而动心，不会轻易摧毁自己的家庭，在废墟中重建婚姻。有时他们平静的心里也会投入一粒粒小石子，荡起一层层的涟漪，但很快就会恢复平静。

　　有一位名叫刘霞的女士，她和她的丈夫是通过网络相互了解认识的，并最终进入了婚姻的殿堂。婚后两人一直两地分居。只有在节假日的时候，她才能坐车去看他，就这样来回奔波了四年。别人说辛苦，但她从未觉得。

　　她说："那是因为心里的牵挂，因为相聚的不容易。"对于一个女人来说，为婚姻付出太多是一件好事还是一件坏事？说是好事，是因为婚姻总是需要两个人为之付出的，没有付出何来感情；说是坏事，是因为一个人一旦为一件事付出了太多之后，总会自然而然地有很多期求。当付出得不到相应的回报时，会对她的心灵产生影响，失望会让她产生抑郁。

后来，她的丈夫忽然提出离婚，对她犹如晴天霹雳！她终日以泪洗面，整个精神世界顷刻见轰然倒塌。心里空洞洞的，不再有任何寄托。

一个为爱情和婚姻付出了全部的女人，心灵所受到的伤害，以及那种无助和绝望是可想而知的。孤独的她，只剩下痛苦。为什么爱到后来会成为这样的结果？为什么世事变迁，美好的爱情总是昙花一现？再去信任谁？再去爱谁？有很多话想说，却又觉得任何语言都无法解答她的问题。

也许，只有时间可以渐渐让她开解。

倘若没有相思的苦，日夜相伴的是她一生任劳任怨、洗衣、做饭、打扫卫生、养育孩子，这些琐碎的事情，足以让一个女人失去所有的闲暇时光，叫她足够的困乏，也可能会让她失去生活的激情和觉察乐趣的敏感。

是谁错了呢？经不起时间考验的婚姻本来就是最脆弱的东西。有谁可以保证它的天长地久呢？有谁可以保证它始终甘甜如初？婚姻中的两个人，要始终都做到像恋爱时一样，那也是不可能的。

结婚不是恋爱，恋爱可以激情万分，而结婚必然要少去恋爱时的浪漫，面对的是过日子，是生活的平淡如水，日复一日，有得意也有不如意，每个人都在变化，只有两个人真正的相互理解，感情基石才会坚不可摧。

只有自己才能解救自己。有一句话说得好："要成为一块磁石，而不要成为一块铁。"人是感性动物，作为女人，就要学会驾驭自己的感情。如果不能，那么也该找到自己的精神支柱。

婚姻和爱情只是情感的表达，而绝对不能是寄托。如果情感没有了，那么什么都没有了，爱情和婚姻自然也没有。

用"心"经营你的婚姻

婚姻就像百合花，百年好合的愿望在一夜之间盛开，纯洁而耀眼，生命的荒原因此生动而丰富。然而，许多婚姻中的女人却感到奇怪，为何自己勤俭持家，相夫教子，却始终不能得到丈夫的欢心？

原因就是男人和女人对"贤妻良母"的定义各有不同。对丈夫而言，"好妻子"当然必须留在家中，全心全意料理家务。但"最好的妻子"却是除能做到这点外，还不干涉他们的业余生活，让他们下班后拥有自由自在的天地。

女人不明白男人的这种心理，反而认为自己是好妻子而严加管束丈夫的一举一动，随之惹起对方反感。结果，在丈夫眼中，"贤妻"变成了"恶妻"，半点不领情。

其实，在婚姻中，细节决定成败。由于人的情感复杂而微妙，某些细节在夫妻情感的交流中也起着重要作用，有时甚至会变成决定作用，导致婚姻的成败。那么，夫妻双方要营造和维护美满的婚姻关系，要注意哪些生活中的细节呢？

第一，尊重对方。人都是爱面子的，当着别人的面批评爱人，最容易挫伤对方的自尊心，影响夫妻感情。只有夫妻俩在一起时，你再向他提些意见，甚至可以进行严肃的批评，对方在愉快接受之余，感受到你煞费苦心中体现出的浓浓爱意，从而以加倍的爱来回报你。

第二，必要的信任。你如果不信任你的丈夫，就别想会建立起亲密无间的夫妻关系。缺乏信任是通往亲密之路的最大阻碍，每个人的成长经验都会影响到信任能力的养成，幸福的婚姻是建立在互相信任的基础上的。

第三，适当的依赖。如果你在精神上、物质上完全依赖别人，让对方扮演供应者的角色，那么你的自尊便会被人拿走，你会更缺乏安全感，并产生寂寞感，恐惧感也会日渐加深。因此真正的亲密关系是一种微妙的平衡互动关系。对爱人适当的依赖才会使你的吸引力更持久。

第四，注意自身形象。女人在婚后注意自身形象，不但可以取悦丈夫，而且也可以在公众场合下为对方争得面子。

第五，彼此保留一份自我空间。女性应保留一份感情空间，用来爱自己。她们心中的隐秘不愿对爱人说，也是封闭这部分感情的权利。行动也是有一定空间的，业余时间不单单同恋人家人在一起，还要参加各种社交活动。

当然，给丈夫保留一份自我空间也是非常必要的。而在日常生活中常常会出现这种情况：妻子总希望丈夫能守在自己的身边，而丈夫并不愿意，虽然妻子给丈夫做了可口的饭菜，给丈夫许多温存和女性的美感，丈夫仍感觉不到快乐，相反，他们会感到空虚、无聊，妻子"粘"得越紧，丈夫的这种感受就越强烈。

第六，慎交异性朋友。与异性朋友交往时要慎重，要留有分寸，让彼此关系只控制在普通朋友的关系之内。对那些明显对自己有好感甚至对自己不怀好心的异性朋友，要主动疏远，以理智来处理感情纠葛。特别是在遇有"第三者"插足的危险时，更应这样做，以杜绝其非分之想。

第七，留足经营感情的时间。现代社会里，每个人的工作都十分繁忙，有不少人因忙于事业而顾不上夫妻俩的感情生活，以致夫妻经常不能一起吃饭、休息，影响了两人感情的巩固和发展。所以夫妇工作再忙，也要巧于安排，挤出时间留给两人共同生活，共浴爱河。

第八，留些个人隐私。再宽容的人，对于爱人的绯闻也会生出醋意来，至于得知对方"红杏出墙"的艳事，则更难容忍，由此导致家庭破裂的事并不鲜见。因此，留些个人隐私，是巩固和发展夫妻感情的明智选择。

第九，警惕财务危机。结婚以后，如果不能搞好家庭的收支平衡，就会出现家庭财务危机，影响夫妻感情。有些家庭，钱归一方掌管，如果不能做到财务公开，当一方经济要求得不到满足时，也会产生家庭矛盾。

因此，要夫妻双方共同理财，坚持量入为出的持家原则，勤俭节约，精打细算。手中要始终留有一些应急经费，以备不时之需。这样，既能防财务危机于未然，又能拒感情危机于千里。

做个俘获男人心的女人

女人需要的是来自男人的关心，而男人当然也需要来自女人的关心。但是，男人这种动物，如果对他太过关心，就会让他产生自大的心理。

所以，一个想俘获男人心的女人，做事情一定要懂得斟酌，做一个懂得做事的女人，男人就跑不出你的手掌心了。

女人总是把关心和爱情连在一起，哪个男人关心她，就是爱她。女人可能并不爱这个男人，但是如果这个男人够有耐性，会时常守在她身边关心她，并且无微不至。那么，女人总会有被感动的一天。她以为他一定是泥足深陷地爱着她，所以才会这么关心她。

男人当然也喜欢被女人关心，但是来自女人的关心和管束往往只是一线之差。女人对男人过分地关心，就会让男人觉得失去了自由。所以，当一个女人经常关心一个男人，并不见得会得到这个男人的青睐。他只会骄傲地认为这个女人单恋他，可以对她呼之则来，挥之则去。

然而，如果这个女人经常适当地赞美他，男人的心便很快就会被攻陷。就像女人把关心和爱情连在一起一样，男人总是将女人的赞美和爱情连在一起。

女人的崇拜，能够激出男人的爱火，满足他的英雄感，让他觉得有面子。无论他在得意还是失意的时候，他都需要一个女人矢志不渝地称赞他。男人可能并不喜欢这个女人，但是如果这个女人经常赞美他，男人也会被她感动。

有情、有弹性、有包容心的关怀，是每个男人梦寐以求的东西。就算男人有什么小错或是疏忽，女人不但不会指责臭骂，反而会先从包容、关怀的角度来安慰男人，然后再用女人特有的"撒娇基因"让男人愿意改过，甚至积极向上，会用这种方法的女人是一个典型的懂事女人。

当一个懂事的女人与男人相爱，她会对这个男人完全信任，有什么想法都会告诉他，不管他支持不支持。因为任何一个男人，都希望他的女人依靠他。

　　当一个女人对一个男人已经没有了爱意，最温柔的做法就是用最直接的方式告诉他，而不会去考虑他会不会脆弱。因为，男人的自尊远比伤痛重要。

　　懂事的女人在男人的朋友面前，总会给男人十足的地位。因为，面子对于男人来说比什么都重要。而一个懂事的女人是不会介意在人前当一个小女人的，要知道小女人都是男人宠出来的。

　　男人每个月也有那么几天，跟女人差不多，心情无故低落。这个时候，懂事的女人不会问他怎么了，而是会陪在他身边，做好她自己。

　　当男人和朋友出去喝酒、打牌的时候，懂事的女人不会问他为什么不带自己一块前往。因为男人都愿意做风筝，只要线还握在自己的手里，那么就放手让他去飞吧。

　　男人都很懒、很笨，尽管他爱一个女人，但是却不想费尽心思地去讨好她。这时候女人所能做的就是，在适当的时候给他个明示。男人有时候是需要女人给他强而有力的当头一棒的。

　　不管男人的外表有多么强大，但是在骨子里他还是一个孩子。在他任性的时候不要对他大吼大叫，这样对他是起不到任何作用的。最有效的办法就是陪他一起疯。然后在他平静之后轻轻地告诉他自己很爱他。

　　男人都是不肯认错的，即使他知道是自己的错，也会因为面子问题而硬撑着。如果在他知道错的情况下给他一个台阶下，他会知恩图报的。体谅一个男人，那就是把他当成自己的爱人、情人、哥哥、朋友、父亲、孩子。

　　爱他，不要给他负担，给他自由，也给自己自由。懂事的女人会知道自己什么时候该进，什么时候该退，什么时候该挡在他面前，什么时候该躲在他后面，把他当成自己一样去爱护。因为，一个女人只有成全了一个男人的幸福，这个男人才会成全她的幸福。

知足的女人拥有快乐

女人要懂得知足，只有这样，才不会在岁月里走向庸俗。所见皆所想，心中有快乐，所见皆快乐。心中有幸福，所见皆幸福。一个知足的女人，见山山笑，见水水笑，这才是一个女人应该达到的境界。

常言说得好："知足者常乐。"这里说的"知足"并不是满足于现状，不求进取，而是指一种平和的心态，而"常乐"则是指一种豁达的人生态度。

在实际生活中，这个再简单不过的道理人们似乎都明白，可是说起来容易做起来难。总有些人这山望着那山高，让那永无止境的欲望弄得心灵疲惫，不堪重负，徒增烦恼，因而失去了人生本应有的快乐和幸福。

有个女人，她很漂亮，有很多男人追求她，但她却喜欢上了平凡的教师。狂热的恋爱终于带着他们走上了红地毯。丈夫对她宠爱有加，几乎包揽了所有的家务，同时对她的任性和坏脾气也都包容着，因为他爱她。

日子很平静地过着，有了孩子后，家庭经济明显紧张，他们的工资除了养孩子、交房子贷款，仅够维持正常的生活。女人再也没有多余的钱买化妆品和时装，也没有多余的钱去维持从前的浪漫。

她的心里渐渐生了不满，看到别的女同学住房越来越宽敞，衣服越来越时髦，她的虚荣心便渐渐起来了，她想凭自己的年轻和美貌应该享受比她们还要好的生活。在一次偶然的机会中，她认识了一位做生意的南方老板。

于是，她的生活彻底改变了。每天出入高级宾馆，高档时装一天一换，吃西餐、打高尔夫、开宝马……她觉得这样的日子才是自己希望得到的。

邻居们见了，也都夸她时髦美丽了。生在贫穷家庭的她虚荣心得到了满足。

丈夫知道后，没有吵闹，只是暗示她，只有知足的人才能得到幸福。她却叫嚷道："这么乏味的生活有什么值得留恋的？"她扔给丈夫一纸离婚书便破门而出，搬到了大款为她买的别墅。

几天后，女人高烧得不能为自己倒杯水时给大款打电话，大款回答："我正在开会，你自己打个车吧，去最好的医院，费用我全包。"

在车上，的哥问她："你病得这么厉害，都没人陪你吗？"她扭过头去，感觉到有一种被忽略的彻骨的寒心。

后来，大款因为生意飞往广州，尽管她望穿秋水，但音讯全无。这样不明身份的生活给她带来了很大压力。

没想到的是：一年不到，银行却来收别墅了，原来大款已无力支付别墅的房贷了。她想回头去找丈夫，丈夫早已有了一个新家。

这个女人的下场非常值得人们深思。一昧地追求物质生活，不知道满足的人，终会为自己的贪婪付出代价。每个人都有自己的不幸，每个人也有自己的幸福。女人容易看到的往往是别人的幸福，并因此而心理失衡。其实知足才能常乐，当一个女人珍惜她所拥有的生活时，她更容易得到幸福。

几年前，具有大学本科学历的琳嫁了一个极其普通的男人，当时她的朋友都不理解，从工作、学历、相貌各方面来说，那个男人都不及琳，但是琳觉得那男人心地善良，对她不错，她相信这样的人能够在以后的岁月里踏踏实实地和她过日子，于是她选择了他。

几年过去了，琳的小家一如开始时的幸福美满，日子也过得风生水起，不仅生了活泼可爱的儿子，还买了一辆派里奥家庭轿车。

琳成为她们那批女孩里第一个结婚生子，第一个买家庭轿车的人。而那些曾经觉得琳当年委屈下嫁的朋友们，各个无不依然形单影只，面容憔悴，有的是为负心男友伤心落泪，对爱情心灰意冷；有的是为生活奔波操劳，一脸焦虑疲惫；还有的刚从围城里逃出来，发誓再不相信任何男人……

朋友们看到琳满脸洋溢着女人特有的幸福和满足，个个都艳羡不已。琳说她当时之所以选择这样一个普通的男人，是因为她知道自己也是一个普通的女人。

这个男人没有让人艳羡的潇洒帅气，没有显赫的地位，但是他有他的善良，有他的爱心，有他给自己带来的安全感和踏实，她觉得这样的男人才让她有归宿感，才让她的心灵可以停靠，于是她选择他，是因为她了解自己，也因为她懂得知足，有这样的男人一心一意地爱着自己，她感到很幸福。

如果琳当时也和她的朋友们一样去追寻一些虚幻的东西，也许现在她连这种最基本最踏实的爱情和婚姻都抓不到……

生活中，有些女人常常羡慕别人，羡慕别人的财富、家庭、名誉，相比之下总会抱怨自己生活得平凡、乏味，却没想到，自己拥有的也正是别人羡慕的。抓住已经拥有的幸福，平静地看待生活，女人将会活得更加快乐和幸福。

温言软语征服男人心

对男人来说，温柔是酒，只饮一滴，就会沉醉一生。作为女人，不要在男人面前显示你的强势，甚至大声地斥责他。说话的声音轻一点，柔一点，他自会乖乖成为你的俘虏。

正像一位诗人所说的，"女性向男性'进攻'，温柔常常是最有效的常规武器"。

无论是多么冷酷坚硬的男人，只要听到女人的柔声细语，哪怕仅仅只是一声低唤，一阵呢喃……就会心甘情愿地献出自己的城池，醉倒在女人温软和润的声音里，不愿醒来。

阿威在一家杂志社上班，他的办公桌在一个角落，与其他人隔得很远，平时也很少与人接触，而且他一向性情淡漠，不喜欢多说话，乐得清静。

对面坐着一个女孩，阿威只要稍稍挺身就能看见她。她长得算不上漂亮，皮肤有点黑，眼睛也不大，但很文静。他们俩尽管离得最近，但也很少说上一句话。

阿威只是偶尔抬眼看看她，看她不经意间的一个动作、一个神态，偶尔也会碰到她也在拿眼神看他，他们就相视浅浅地笑一下，过后还是很少说话。

午休的时候，同事们经常凑在一起聊天儿，她有时也会参与其中，说得不多，却总是一脸虔诚与认真。阿威则坐在一旁，也很少说话，有时说上三言两语，品评人物与时事，以及一些文学作品。

阿威每次都发现她很小心地听，眼睛盯着他，那眼神似乎有点复杂，说不清，但阿威确定她有一点崇拜他，这让他有点暗自高兴。男人总是希望被人注意和崇拜的，那说明自己是优秀的。

有一次，同事不知说了什么，好像是针对她的，几个人都笑了起来。她不好意思地低下头，脸上悄悄地飞起一轮红晕。阿威忽然觉得，这个女孩子好美！但是，阿威也没有多想，他心里想得更多的是找机会离开这家杂志社，这并不是他的理想和目标，他要到更能发挥自己优势的地方去锻炼和发展。

还有一次，同事关门时不小心夹了她的手，连连道歉，她一边摇头说没关系，一边揉着手指，疼得泪花在眼睛里直转。那一刻阿威发现自己心里有什么东西融化了，但他面对她仍是淡淡的什么都没说。

中午吃完饭回来，他仿佛不经意的样子，问了一句："手好些了吗？"

她下意识地揉了揉手指，说："好多了。"他想自己这是怎么了？莫非是喜欢上她了？脑子里跳出的这个念头把他自己也吓了一跳，这怎么可能？他自嘲地笑了一下。日子又很平静地过了很久，他们仍然很少说话，但阿威发现自己抬头看她的次数似乎比以前多了。

有一天下班了，她怯生生地向阿威借一本书，阿威边收拾桌子上的东西边点了一下头，没说什么。她愣在那里，有点不知所措，以为他不情愿。他看着她笑了笑，说："明天给你拿来。"她如释重负。阿威没有想到，正是这一次借书，促成了她们后来的交往。

正如阿威所愿，后来他就离开了杂志社，从此与那里的所有人失去了联系。一天，她要还书给阿威，他们就用电子邮件聊了几次，就这样，他们又有了交往，主要是用电子邮件，偶尔也打电话，却从未再见过面。

再后来，阿威去了北京。一个人无聊时，会想起给她打个电话，打到家里，常常是她家人接的，不一会儿，就能听到她跑过来接电话，气喘吁吁的。他责怪她道："干吗跑那么急，先喘喘气再说。"

她柔声道："没什么，怕你多等。"阿威的心就像被什么撞了一下，他很喜欢听她说话，她的声音很柔和，流露着一股温顺。

　　渐渐地，他们通电话和电子邮件的次数越来越多，却一直没有再见面。春节的时候，阿威回家过年，一天傍晚约她见面，那时距他离开杂志社已有一年半了。重新坐到一起，他给她讲在北京的见闻，她也给他讲他离开以后杂志社的变化。

　　她说话的时候，阿威就盯着她看，毫不遮掩，有时会触到她的目光，她迅即就躲闪开了，露出一点羞涩。阿威发现自己其实是喜欢她的，尤其喜欢看她羞涩的样子。但是他想自己也只是喜欢她而已，还谈不上爱，于是什么都没说。

　　直到北京闹"非典"，她发短信给他，让他多多注意。阿威骗她说："太晚了，我已感染，被隔离了。"

　　信息刚发出去，手机就响了，阿威拿起手机，听到她急切地问："真的吗？你怎么样了？"

　　阿威笑着说："骗你的，我没事，挺好的。"她在那边一句话不说，然后阿威就向她道歉，其实，阿威知道她是关心自己的。

　　当北京疫情越来越严重的时候，阿威回了老家，到家的时候，发短信给她，说他回哈尔滨了。她惊喜得声音都变了："你真的回来了！我要见你！"

　　阿威犹豫了一下，答应了。那时候，各地把"非典"之可怕传得耸人听闻，他刚从北京回来，除了家人，别的人对他都避之唯恐不及。

　　见面时，阿威问她："你不怕我身上有病菌传染你？"

　　她柔声道："怕。但你回来了，我想见你。"

阿威心里很感动，他明白她的心思。他们并肩散步，过马路的时候，忽然来了一辆车，他搅过她的肩，把她让到了另一边。她只是看了看他，没有说话，但她的眼神里多了一丝甜蜜和喜悦。

然后，阿威大胆地牵了她的手，她要挣脱，但是阿威抓得更紧了，她也就没有再挣脱。她的手很小，很软，很温，阿威就这样一直拉着她的手，再没有松开，直到她嫁给他，成为他的妻子。

在生活中，许多女人总是喜欢对男人颐指气使，动辄大声呵斥，显示出女性最粗糙的一面。可想而知，这样只会让男人避之唯恐不及。

身为女人，一定要懂得对待男人，只有柔声细语才是最有力的武器，它就像一只纤纤细手，只是轻轻一抚，再强悍的男人也会被征服。

用智慧当好管家婆

随着女性社会地位的不断提高，女人在家庭中的地位也日趋攀升。大多数女人在"男主外，女主内"的传统家庭模式下，因有耐心、细心等天生的优势，所以扮演了家庭"首席财务官"的角色。除了事业之外，女人又多了一份责任。

在现代社会中，你是一个美女、才女还不够，想做一个独立自主的现代女性，你还得是一个"财女"。尤其是在结婚成家之后，女人的理财能力更显得弥足珍贵。

　　丽云过去一直认为女子应该以温柔之道处事，所以没有想过要在婚后当管家婆，掌管家里财政大权，看紧先生口袋。后来嫁了人，先生处事有主见，对她体贴有加。于是，她放心地每月将薪水悉数上缴，也不过问先生收入。

　　开始的时候，因为他们是新婚，朋友送的礼金办完婚事外还有节余，手头尚还宽裕；穿和住在婚前基本都操办齐全，不需要什么花费。

　　这样，他们除了日常吃的开销外根本无需其他开支。先生当起家来也颇有一套，家里今天红烧排骨明天香菇炖鸡，还三天两头安排上餐馆补充营养，到咖啡厅卡拉ＯＫ潇洒走一回，把个生活安排得活色生香有滋有味，丽云也落得轻松惬意、心安理得地享受二人世界的乐趣。

　　谁知好景不长。有一天下班回家，丽云发现锅灶冷冷清清，她以为先生又安排去外面打牙祭。然而，在阳台看到先生，他却是一副愁眉苦脸的模样，见到丽云，连忙说："对不起啊老婆，本来还有百把块钱，计划用到月底足够的。没想到今天单位有同事搬家，大家凑份子送礼，弄得没有钱买菜了。"

　　先生的话，令丽云哭笑不得，一下也感到生活的沉重。想起小时候奶奶常念叨的"吃不穷穿不穷，算计不来一世穷"，而这段日子，夫妻俩大手大脚，花钱如流水，终于发生了财政赤字。

　　这以后，丽云的丈夫说什么也不当家了，坚决辞职。丽云只得在无奈中挑起大梁，接过家庭财经大权，当起管家婆。

　　当家后，丽云牢记上次断炊的教训，平时注意精打细算，根据营养结构合理安排膳食，精心安排各项开支，争取做到每月维持安排好家庭日常生活外，还能有一点多余的钱可以存进银行户头。看到银行户头上的钱越来越多，而夫妻俩的衣着都依然光鲜、面庞越发红润，丽云的丈夫不得不竖起大拇指说："老婆，还是你当家行！"

俗话说："当家容易理财难"。家庭理财这一重任落在女人身上，充分显示了女性"巾帼不让须眉"的一面。

　　女性先天的细腻、精打细算，使得女人能够在照顾好家庭的日常开销，打理好各种人情世故的同时，照顾了上辈，又给下一代以教育投资。既管理好了家庭支出，又有了家庭小金库，还不乏理智的投资。

　　"吃不穷，用不穷，算计不到一世穷。"我们祖父母和父母那两代人，都不同程度地感受过贫穷和饥饿，所以他们很早就懂得积累家财有多重要。由于女人比男人更坚忍不拔、朴素、能吃苦、少些浮躁，又懂得量入而出的道理，总能让全家在有限的收入基础上，过上最美满的生活，所以，当家理财的重任通常都落在女人肩上。

　　女人天生思路清晰，视野开阔，能未雨绸缪，与时俱进。女人理财，因智慧而取胜；女人理财，因技巧而战无不胜；女人理财，因懂投资而收益卓著；女人理财，更因个性而精彩！

当好家、理好财，最重要的是改变理财观念。不是有句很流行的话叫"你不理财，财不理你"吗？虽然只是一句戏言，却也真实道出了理财观念的重要性。

其次，确定理财目标。每个人的一生都有多种不同的目标，其中之一就是理财目标。做任何事情如果没有目标都不可能取得成效，而有了理财目标就可以减少情绪化的决定。

再次，明确理财期限。理财目标有短期、中期和长期之分，所以不同的理财目标会决定不同的投资期限，而投资期限的不同，又会决定不同的风险水平。

最后，制定适合自己的投资方案。当投资人确定了自己的理财目标及投资期限后，一个适合自己的投资方案就是随后需要决定的了。也就是说在考虑了所有重要的因素之后，就需要一个可行性方案来操作，在投资上称为投资组合。

不过，钱对多数女人而言，不一定是为了物质享受，可以自由自在做自己想做的事才是最重要的。理财并非单纯地意味着财富的增值，同时也代表了一种生活方式和生活态度。

也就是说，追求财富的最大化，固然是大多数人的共同理财目标，但在追求这些的同时，女人则更要注重于发现生活的美、追求生活的美、感受生活的美。

如今，越来越多的金融工具走进我们的生活，"用智慧创造财富，让财富积累财富"成为了新时代女性追求财富、追求自由、享受生活的口号。

因此，财富的积累应从现在开始，利用自己的优势，理性理财，做个新时代的"财女"。